JN268764

わかりやすい 量子力学入門
原子の世界の謎を解く

高田 健次郎 著

丸善出版

序

　現代の自然科学を語るとき，原子・分子といった極微の世界(ミクロの世界)を支配する量子力学を避けて通ることはできません．量子力学は，20世紀の初頭の約30年間に，世界の天才たちの協力によって建設された科学上の金字塔であり，自然に対する人間の考え方を根本的に変えさせた哲学上の大変革の成果でした．この変革は，ギリシャ時代から近代に至るまでに，人類が培ってきた物質観を完全にひっくり返したコペルニクス的転回でした．なぜそのような変革がなされなければならなかったのかを学ぶのが本書の目的です．

　極微の世界(ミクロの世界)では，私たちの常識は通用しません．電子や原子のような物質粒子も，光も，「粒子」であると同時に「波動」であるといわれます．どうしてそのような非常識なことがわかるのでしょう．どうしてそのような明らかな矛盾が成り立つのでしょう．このようなミクロの世界における非常識や矛盾を科学的に統一した理論が量子力学なのです．このように，量子力学は私たちの目にはかなり型破りですから，なかなかなじみにくく，その意味がわかりにくい理論です．でも，この型破りな理論こそが極微の世界を正確に表すことができる唯一の基本理論なのです．

　量子力学を正しく理解するためには，なぜそのような型破りな理論が必要になったのか，事の始めから順を追って詳しく学ばなければならないと思います．そうしなければ量子力学の真の意味がわかりません．少しまわり道かもしれません．あるいは多少時間がかかるかもわかりませんが，量子力学の意味を正しく理解するためには，20世紀初頭の約30年間において，アインシュタインやボーアをはじめとする数多くの天才的物理学者たちが，何に悩み，どのようにしてその悩みを解決したかを順を追って勉強することが，結局は量子力学の真髄に迫る早道であるといえます．

　この目的のために，私は昨年からインターネット上で，インターネット・セ

ミナー
 ミクロの世界 (その 1) — 原子の世界の謎 —
 ミクロの世界 (その 2) — 量子力学入門 —
という Web ページを公開しました. このセミナーのアドレス (URL) は

 `http://www2.kutl.kyushu-u.ac.jp/seminar/index.html`

です. このセミナーが思いもかけず好評を博しました. 高校生, 大学生, 大学の先生を含む数多くの方々がアクセスして下さいました. そのなかの幾人かは, このセミナーを書物の形で出版することをお勧め下さいました. この方々の声に励まされて, 私は本書の出版を決意しました. はたして, 本書が量子力学の真の意味を理解するための一助になるかどうか自信はありませんが, 読者の皆様のご意見をお聞きして, 少しでも改善していきたいと思いますので, よろしくお教えいただきたいと存じます.

 インターネット・セミナーの作成および本書の執筆にあたって, 多くの方々に一方ならぬお世話になりました. とくに九州大学名誉教授 森信俊平 氏にはインターネット・セミナーの初期の段階から相談に乗っていただきました. 九州大学理学部原子核実験室の森川恒安 氏にはインターネット・セミナーの公開にあたってお世話になりました. また, 山形大学助教授 仁科辰夫 氏, 九州大学教授 副島雄児 氏にも貴重なご意見, 資料の提供をいただきました. 特記して感謝の意を表したいと思います. その他, 多くの方々から陰に陽に応援をいただきました. 心から感謝申し上げます.

 2003 年 盛夏

高田 健次郎

目　次

第 I 部　原子の世界の謎　　1

第 1 章　プロローグ：物質と電気の原子的性質　　3
1.1　ミクロの世界とは　　3
1.2　原子の発見　　4
　　デモクリトスの原子論　　4
　　元素の存在　　4
　　定比例の法則, 倍数比例の法則　　5
　　ドルトンの原子論　　5
　　原子量　　6
1.3　分子という概念の導入　　7
　　分子とは　　7
　　アボガドロの法則　　8
　　分子量　　9
　　アボガドロ定数　　9
1.4　分子の運動　　9
　　原子説への疑義　　9
　　分子運動の速さ　　10
　　ブラウン運動　　12
1.5　原子の大きさ　　13
1.6　電気素量の発見　　15
　　ファラデーの電気分解の法則　　15
　　原子価　　15
　　電気分解からみた電気素量　　16

目次

	ミリカンの実験	17
1.7	電子の発見	18
	真空放電, 陰極線	18
	陰極線の正体	19
	陰極線の比電荷	20
	陰極線の本性, 電子の発見	22
	電子の質量	23
	電子は原子の共通の構成要素	23
1.8	第1章のまとめ	24
	演習問題	24

第2章 原子の構造　27

2.1	放射能の発見	27
	検電器	27
	ラジウムの発見	28
	放射線の種類	28
2.2	原子の中の電子の個数	29
	X線の性質	29
	原子によるX線の散乱, 電子の個数	30
	原子内の電子の個数	31
2.3	原子によるアルファ粒子の散乱	31
	アルファ線の正体	31
	原子によるアルファ線の散乱	33
2.4	トムソンの原子模型	34
	トムソン模型とアルファ粒子の散乱	35
2.5	ラザフォードの原子模型	38
	ラザフォードの有核原子模型	38
	ラザフォード散乱	39
	ラザフォード散乱の角度分布	44
	原子核の電荷の大きさ	45
2.6	原子核とは何か	46
	原子核の大きさ	46

		目　次	vii

		原子核の人工変換, 陽子	47
		ウィルソンの霧箱	48
		原子核の構成要素	49
2.7		第2章のまとめ	49
		ラザフォードの原子模型の問題点	50
		演習問題	51

第3章　光の粒子の発見　53

3.1	熱とは何か	53
	フロギストン説, カロリック説	53
	熱の本性	54
	統計力学	55
3.2	分子の運動と比熱	55
	エネルギー等分配の法則	55
	エネルギー等分配則の一般化	57
	気体の比熱	60
	固体の比熱	62
	比熱の問題点	63
3.3	真空の比熱	63
	空洞放射	64
	真空の比熱の困難	64
3.4	プランクの公式	66
	レイリー – ジーンズの公式	66
	ウィーンの公式	68
	プランクの公式	69
3.5	エネルギー量子の発見	69
	エネルギー量子	70
	エネルギー量子とプランクの公式	71
	プランクの公式の導出	72
	エネルギー量子の発見	75
	プランク定数	75
	固体の比熱	75

3.6	光量子仮説と光電効果	76
	アインシュタインの光量子仮説	76
	奇跡の年	77
	光電効果	77
	アインシュタインの光電効果に関する理論	77
	光電効果に関するミリカンの実験	78
	古典論の困難	79
3.7	コンプトン効果	80
	光量子の運動量	80
	光量子説によるコンプトン効果	82
	光子	84
3.8	第3章のまとめ	84
	光の粒子性と波動性	85
	演習問題	86

第4章 電子と波　　89

4.1	有核原子模型の困難	89
	原子の安定性に関する困難	89
	原子のスペクトルに関する困難	91
4.2	原子のスペクトル	91
	バルマーの公式	92
	リュードベリの公式	93
4.3	ボーアの原子構造論	93
	ボーアの量子論	94
	水素原子	95
	水素原子のエネルギー準位とスペクトル	96
	定常状態の確証	97
4.4	電子の波動性	99
	ド・ブロイ波	99
	ラウエの斑点 — X線の波動性	100
	電子の波動性の実証	101
4.5	第4章のまとめ	102

　　　　演習問題 102

量子力学への幕開き　　　　　　　　　　　　　　　　105

第 II 部　　量子力学入門　　　　　　　　　　　　　　109

第 5 章　シュレーディンガーの波動力学　　　　　　　　111
5.1　ボーアの量子論とド・ブロイ波 111
　　　　ド・ブロイ波 112
　　　　ド・ブロイ波の実証 113
　　　　ボーアの量子条件とド・ブロイ波 113
5.2　波動についての"おさらい" 114
　　　　簡単な波動 114
　　　　通常の波動方程式 115
　　　　重ね合わせの原理 115
5.3　シュレーディンガー方程式 117
　　　　自由粒子のシュレーディンガー方程式 118
　　　　シュレーディンガー方程式の考え方 119
　　　　自由粒子の波動関数 121
　　　　力が作用している場合のシュレーディンガー方程式 . . . 121
　　　　三次元空間におけるシュレーディンガー方程式 122
　　　　難問が残った! 122
5.4　ハイゼンベルクの考え方 123
　　　　ハイゼンベルクの行列力学 123
　　　　線で描いた軌道をやめよう — 常識を捨てるべし . . . 124
　　　　ハイゼンベルクの不確定性原理 125
　　　　ハイゼンベルクとボーアの主張 127
5.5　波動関数の意味 127
　　　　波動関数の確率解釈 128
　　　　波動関数の規格化 129
5.6　トンネル効果 130
　　　　量子力学における状態 130

定常状態 130
粒子が運動する範囲 — 古典力学 131
エネルギー固有値, 固有状態 132
粒子が運動する範囲 — 量子力学 134
トンネル効果 134
透過率の見積もり 135
5.7 原子核のアルファ崩壊 139
アルファ崩壊の半減期 139
ガモフによるアルファ崩壊の説明 140
5.8 第5章のまとめ 142
演習問題 142

第6章 粒子性と波動性　　145

6.1 ヤングの実験, 電子の波動性 145
光の波動性と粒子性 145
電子の波動性 145
二者択一的考え方を捨てよう 146
6.2 粒子と波動の統一 146
波動性と粒子性はどこに現れる？ 147
電子の粒子性と波動性を計算してみよう 147
平面波と球面波 149
6.3 古典論との関係 151
ニュートンの運動方程式 151
粒子の位置の平均値とばらつき 151
運動量の演算子 152
エーレンフェストの定理 153
6.4 不確定性関係 155
波束 155
ガウス型の波束 156
不確定性関係 156
量子力学は不完全な理論ですか？ 157
アインシュタインによる批判 158

6.5	第6章のまとめ	159
	演習問題	159

第7章 水素原子, 元素の周期律, 光の量子力学　161

- 7.1 エネルギー固有値, 固有状態 161
  - 束縛状態のエネルギー固有値 161
  - 井戸型ポテンシャルの固有状態 164
  - 調和振動子の固有状態 164
  - とびとびのエネルギー固有値が現れる理由 164
- 7.2 水素原子の構造 165
  - 水素原子の固有状態 165
  - 水素原子のエネルギー固有値 166
  - 電子の"存在確率" 167
- 7.3 元素の周期律 168
  - 周期律 168
  - 原子の殻構造 169
  - パウリ原理, スピン 172
  - 閉殻, 希ガス, 周期律 172
- 7.4 光の量子力学 173
  - 光の波動性 174
  - 空洞内の放射のエネルギー 174
  - 電磁波(光)の量子化 175
  - 光と荷電粒子の相互作用 175
- 7.5 第7章のまとめ 176

エピローグ: 広がる量子力学の世界　177

演習問題解答　179

索引　183

第Ⅰ部

原子の世界の謎

第1章 プロローグ: 物質と電気の原子的性質

ミクロの世界は，私たちが日常生活で目にしたり，感じたりすることのできない極微の世界です．そこには，私たちの常識では理解できないようなさまざまな不思議が詰まっています．さあ，その世界を訪れることにしましょう．

1.1 ミクロの世界とは

　物質を細かく分割していくと，分子になり，ついには原子にいきついてしまいます．物質は膨大な数の原子の集合体であることは誰でも知っています．
　原子のような微小な物を測るのによく使われる**長さの単位**は

$$10^{-10}\text{m} = 0.000\,000\,000\,1\text{ m}$$
$$= 0.1 \text{ nm}$$
$$= 1 \text{ Å}$$

です．nm はナノメートル，Å はオングストロームです．
　原子の大きさは 1～数 オングストローム (Å) であると考えてください．どうしてそう考えられるのか，この本を読んでいくうちにだんだんとわかってきます．
　原子の世界や，原子より小さい寸法の世界を**ミクロの世界**といい，**微視的世界**ともいいます．
　一方，私たちが日常目にするような世界を含めて，原子のサイズより大きい寸法の世界を**マクロの世界**といい，**巨視的世界**ともよびます．英語で書くと

ミクロ = 微視的 = microscopic
マクロ = 巨視的 = macroscopic

です．
　私たちが生活するマクロの世界と異なって，ミクロの世界では，常識では理解できないような不思議な現象がみられます．このミクロの世界の法則を探究した成果が，主として 20 世紀に発展した**現代物理学**です．

1.2　原子の発見

デモクリトスの原子論

　物質が最小の単位すなわち**原子** (アトム: atom) から構成されているという考え方は，古代ギリシャ哲学において**デモクリトス** (Demokritos) によって唱えられました (紀元前 500 年頃)．アトムとは「分割できない」という意味です．デモクリトスは，この世は無限に広がる**空虚**とそのなかを運動する**アトム**からできていると考えました．
　一方，**アリストテレス** (Aristoteles: 古代ギリシャ，前 384 〜 前 322) は，世界は連続的な物質で満たされている，と考えました．古代から中世にかけて，アリストテレス流の考え方が支配的でした．

図 1.1　デモクリトス

元素の存在

　18 世紀には実験化学が精密化されて酸素や水素が発見され，アリストテレスなどの 4 元素説 (世界は火，水，土，空気の四つの元素からできているという説) が否定されるようになりました．**ラボワジェ**(A. L. Lavoisier: フランス, 1743 〜 94) は，通常の化学的手段ではそれ以上の異なる物質に分けられ

ない要素があり，これを**元素**と定義しました (1789)．したがって，すべての物質はいくつかの元素の組合せでできていると考えました．

定比例の法則，倍数比例の法則

18〜19 世紀になると，実験事実に基づいた科学的な原子論が確立しました．

まず，

　　「簡単な化合物には，一定不変の量の成分元素が含まれている」

ことが明らかになりました．これを**定比例の法則**といいます．

たとえば，水は水素と酸素という 2 種類の元素の化合物ですが，どのような化合の方法をとっても，できあがった水のなかに含まれる水素と酸素の重量の比は 1 : 8 という一定の値です．

さらに**倍数比例の法則**という重要な法則が明らかになりました．

　　「**2 種類の元素が化合して，二つ以上の異なる化合物をつくる場合，一方の元素の一定質量に対する他方の元素の質量はおのおのの化合物のあいだでつねに簡単な整数比になっている**」

という法則です．

たとえば，炭素と酸素を化合させて炭酸ガス (二酸化炭素) と一酸化炭素をつくる場合を考えましょう．12 g の炭素をすべて炭酸ガスにする場合 32 g の酸素が必要です．一方，12 g の炭素がすべて一酸化炭素になる場合には 16 g の酸素が使われます．つまり，12 g の炭素にたいして必要な酸素の質量の比は 32 : 16 = 2 : 1 です．

図 **1.2**　ドルトン

ドルトンの原子論

上に述べた二つの法則は，元素が**原子**という**基本単位**の集まりであると考えると容易に理解できます．これが**ドルトン** (J. Dalton: イギリス，1766〜1844) による科学的な**原子論**です (1808)．

次の2式のように，炭素と酸素が化合して炭酸ガス(二酸化炭素)と一酸化炭素ができる場合を例にとって説明しましょう：

[1]　炭素　+　酸素　→　炭酸ガス (二酸化炭素)
　　 (12 g)　(32 g)　　　(44 g)

[2]　炭素　+　酸素　→　一酸化炭素
　　 (12 g)　(16 g)　　　(28 g)

図 1.3 のように，[1] の反応では 1 個の炭素原子 (C) が 2 個の酸素原子 (O) と結合し，[2] の反応では 1 個の炭素原子 (C) が 1 個の酸素原子 (O) と結合すると考えると，炭素原子の**原子量** (原子の質量) は **12**，酸素原子の原子量は **16** と考えられます.

ドルトンはさまざまな化合物のなかの原子の組合せを，ジグソーパズルを解くように (あるいはパッチワークをするように) 明らかにしていきました.

その結果，図 1.4 のように，水は酸素原子 1 個と水素原子 2 個が結合しているものと考えられます. したがって酸素の原子量を **16** とするならば，水素の原子量は **1** となります.

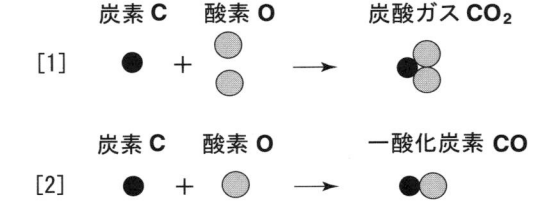

図 1.3　炭酸ガスと一酸化炭素のなかの原子の結合

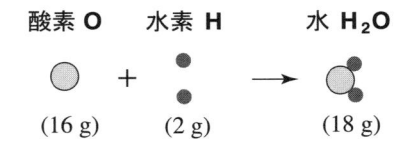

図 1.4　水のなかの原子の結合

このようにして物質を構成する最も基本的な単位が**原子** (アトム) であるという考え方が定着しました.

原子量

原子の質量を適当な単位で測ったものを**原子量**といいます.

ドルトンの原子論で明らかになったように，水素原子の原子量を 1 とする

と，炭素は約 12，酸素は約 16 となり比較的軽い元素の原子量はほぼ整数に近くなりますが，重い元素になると整数からずれてきます．

現在では，原子の質量は**原子質量単位 (amu または u)** で表されます．

$$1\,\mathrm{amu} = 1.6605402 \times 10^{-27}\,\mathrm{kg}$$

原子質量単位は，炭素を標準にし，炭素の同位元素 (**同位体**) のなかで最も多く存在する炭素 12 の質量を 12 amu として，ほかの元素の相対的な質量を表すものです．ですから，炭素 12 の原子の原子量は 12 です．

自然界に存在する元素のなかには質量の異なる**同位体**が含まれていて，その割合 (**存在比**) は元素によってさまざまです．したがって，**元素の原子量**は各元素の同位体の質量に同位体の存在比をかけて平均値をとったものです．

たとえば，自然界の炭素は 98.9％ が炭素 12 ですが，1.1％ の炭素 13 を含んでいます．したがって炭素の原子量は，

$$12 \times 0.989 + 13.00 \times 0.011 = 12.01$$

となります．同様にして，水素の原子量は 1.008，ヘリウムは 4.003，酸素は 16.00，ナトリウムは 22.99 となります．

1.3 分子という概念の導入

分子とは

特有の化学的性質をもつ最小単位の粒子を**分子**といいます．

たとえば，水を小さく分割していくと，水の化学的性質をもつ最小単位である水の分子 (H_2O) になります．この水分子をさらに分割すると水素原子 2 個と酸素原子 1 個になりますが，原子にまでなってしまうと「水」の性質は失われます．

ドルトンの原子論においてはまだ分子という概念は明確ではありませんでした．**分子**と**原子**とがはっきりと区別されるようになったのは，次に述べるアボガドロの法則以後のことです．

アボガドロの法則

ゲイ・リュサック (J. L. Gay-Lussac: フランス, 1778〜1850) は,

「**2種類の気体が完全に化合するとき, それらの体積は簡単な整数比となる**」

という気体反応の法則をみつけました (1809).

アボガドロ (A. Avogadro: イタリア, 1776〜1856) は, この整数比こそ二つの気体に含まれる分子の数の比であると考え,

「**温度と圧力が同じであれば, 気体の種類が異なっても, 同じ体積の気体のなかには同じ数の分子が含まれている**」

というアボガドロの法則を提案しました (1811).

この法則はのちに実験的に確かめられました. このアボガドロの法則によって, 分子どうしや原子自体の相対的な重さを比較できるようになりました.

水の分子は H_2O, 一酸化炭素の分子は CO, 二酸化炭素の分子は CO_2 ですが, アボガドロの法則にのっとると, 単一の元素からなる気体分子, たとえば水素分子や酸素の分子は2個の原子がくっついたものであり, それぞれ H_2 および O_2 と考えられます. このように2個の原子でできている分子を**2原子分子**といいます. したがって, 水素と酸素が化合して水になる場合は図1.6のようになります.

図1.5　アボガドロ

しかし, ヘリウムやネオンやアルゴンのような**希ガス**(不活性ガス) は原子1個で分子となります. このような分子を**1原子分子**といいます.

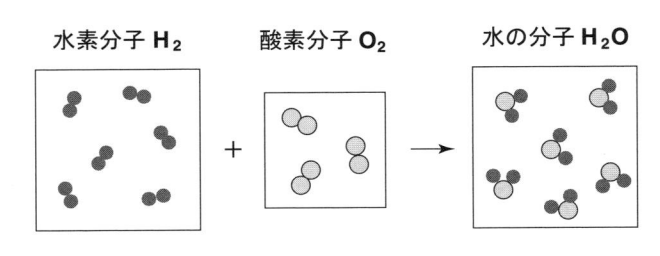

図1.6　酸素分子と水素分子が結合して水分子ができる.

分子量

分子の質量，すなわち**分子量**は，その分子を構成する原子がわかれば，それらの原子の原子量から求められます．たとえば，水の分子は H_2O であり，水素 H の原子量は 1，酸素 O の原子量は 16 ですから，水の分子量は $1 \times 2 + 16 = 18$ となります．

アボガドロ定数

分子量だけのグラム数の物質の量を**モル** (mol)，あるいは**グラム分子**，といいます．たとえば炭素の分子量は 12 ですから，炭素の 1 mol (=1 グラム分子) は 12 g の炭素のことです．

温度が 0 °C，圧力が 1 気圧 (= 1013.25 hPa (ヘクトパスカル) = 760 mmHg) のもとで，1 mol の気体の体積は，気体の種類によらず一定で，約 22.4 ℓ です．

1 mol の物質の中に含まれる分子の数を**アボガドロ定数**といい，記号 N_A で表します (以前はアボガドロ数とよんでいました)．現在では，アボガドロ定数を精密に調べるいろいろな方法がありますが，それらの結果は

$$N_A = 6.0221367 \times 10^{23} \, \text{mol}^{-1}$$

となっています．

1.4　分子の運動

原子説への疑義

マクスウェル (J. C. Maxwell: イギリス, 1831 ～ 79) やボルツマン (L. Boltzmann: ドイツ, 1844 ～ 1906) によって発展させられた**気体分子運動論**や**統計力学**は，原子・分子説を基礎にして成り立っていました．したがってこれらの理論の成功は，原子・分子説が正しいことを証明しているように思われました．

しかし20世紀になっても，原子・分子の考え方は，便利ではあるけれどもあくまで人間の思考の産物であり，「原子・分子の実在の実験的証明がない」という理由で，何人かの有力な学者によって強く反対されていました.

この反対論を打ち破ったのが，以下で述べる**ブラウン運動**の観測でした.

分子運動の速さ

気体中の分子はつねにめまぐるしく動き回っています．気体分子の速さを最初に推定したのはジュール (J. P. Joule: イギリス，1818～89) でした (1851).

容器に入れた気体分子は高速で動き回り，分子が容器の壁に衝突するときに壁に加える力が総合されて気体の**圧力**になる，とジュールは考えました．この考えに基づいて，気体分子の運動の速さを推定してみましょう．

少し数式がでてきますが，内容は簡単ですので我慢して読んでください．我慢できない読者は，読み飛ばして結果だけを信用しましょう．

図のように1辺の長さが L の立方体の容器の中に気体が入れてあるものとします．

多数の気体分子はさまざまな方向に動いているでしょうが，ここでは簡単のため，ある分子が水平方向に速さ v で運動し，壁面 A に衝突して跳ね返るものとします．跳ね返されたこの分子は反対の向きに走り反対側の壁面に衝突してふたたび跳ね返され，往復運動を繰り返すでしょう．1往復に要する時間は $2L/v$ ですから，単位時間 (1秒間) に分子が壁面 A をたたく回数は $v/(2L)$ となります．

分子の質量を m とすると，分子が1回衝突するたびに，壁面 A に $2mv$ だけの運動量を与えます．したがって，この分子が1秒間に壁面 A に与える運動量は $2mv \times (v/(2L))$ となります．容器のなかに全部で N 個の分子があるとすれば，

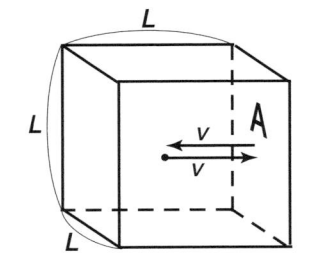

図 1.7 箱の中の分子

$$\left(\begin{array}{c}\text{気体分子の全体が 1 秒間に} \\ \text{壁面 A に与える運動量}\end{array}\right) = 2mv \times \frac{v}{2L} \times N = \frac{mN}{L}v^2$$

となります．壁に運動量を与えるということは力を及ぼすことです．力の大きさは1秒間に与える運動量に等しいということが，ニュートン力学 (古典力学) でわかって

います．したがって，
$$\begin{pmatrix}\text{気体分子の全体が}\\ \text{壁面 A を押す力}\end{pmatrix} = \frac{mN}{L}v^2$$
です．この力を壁の面積 L^2 で割り算すると，単位面積あたりの力 (すなわち壁に働く圧力) は
$$(\text{気体の圧力}) = \frac{mN}{L}v^2 \times \frac{1}{L^2} = \frac{mN}{L^3}v^2$$
となります．mN は容器内の気体の全質量，L^3 は気体の全体積ですから，
$$(\text{気体の圧力}) = \frac{(\text{気体の質量})}{(\text{気体の体積})} \times v^2$$
となります．

実際の気体においては，分子はさまざまな方向にさまざまな速度で運動していると考えられますので，上に述べた速さ v はこれら多数の分子の速度の水平方向の成分の平均値と考えてよいでしょう．そうすると上式から
$$(\text{分子の平均の速さ}) = v = \sqrt{\frac{(\text{気体の圧力}) \times (\text{気体の体積})}{(\text{気体の質量})}}$$
ということになります．

よく知られた**ボイル − シャルルの法則**
$$(\text{気体の圧力}) \times (\text{気体の体積}) = R \times (\text{気体の絶対温度})$$
$$R = \text{気体定数} = 8.314510 \text{ J/(mol·K)}$$
を考えると，上の式の右辺の平方根のなかは温度が一定ならば一定です．しかし，温度が上がれば大きくなります．つまり (分子の平均の速さ) は絶対温度の平方根に比例します．

さて，$0°C$, 1 気圧で，1 mol の気体の体積は 22.4ℓ です．1 mol とは，水素なら 2 g，酸素なら 32 g，炭酸ガスなら 44 g です．1 mol の気体に対して
$$(\text{気体の質量}) = (\text{分子量})\text{g} = (\text{分子量}) \times 10^{-3} \text{ kg}$$
$$(\text{気体の体積}) = 22.4\ell = 22.4 \times 10^{-3} \text{ m}^3$$
$$(\text{気体の圧力}) = 1 \text{ 気圧} = 1.01 \times 10^5 \text{ N·m}^{-2}$$
ですから，
$$(0°C \text{ における分子の平均の速さ}) = \sqrt{\frac{(1.01 \times 10^5) \times (22.4 \times 10^{-3})}{(\text{分子量}) \times 10^{-3}}} \text{ m/s}$$
$$= \frac{1.50 \times 10^3}{\sqrt{(\text{分子量})}} \text{ m/s}$$

となります．たとえば，酸素ガスの場合，(分子量) = 32 ですから，

$$(0°C における酸素分子の平均の速さ) = \frac{1.50 \times 10^3}{\sqrt{32}} \text{ m/s} = 約\ 265 \text{ m/s}.$$

窒素ガスの場合，窒素の分子量は 28 ですから酸素の場合とあまり違いはありません．空気の主成分は酸素と窒素ですから，0°C，1 気圧の空気中の酸素や窒素の分子は音速に近い猛烈な速さで運動していることになります．

ブラウン運動

上でみたように，気体中では分子は音速にも匹敵するような猛烈な速さで運動しています．一般に，気体や液体中の分子はすごい速さのランダムな運動をしていると考えられます．水の分子を直接みることはできませんが，それらの運動を間接的にでも観察することができれば，分子の存在を確かめることができるはずです．これを可能にしたのが**ブラウン運動**でした．

水に浮かべた花粉が水を十分に吸って破裂し，でてくる微粒子がたえず続ける不規則な運動のようすを，植物学者の**ブラウン** (R. Brown: イギリス, 1773～1858) が顕微鏡を使って観察しました (1827)．ブラウンは，花粉のみならず，さまざまな物体からでてくる微粒子が同様な運動をすることを報告しました．

この運動はブラウン運動とよばれ，液体中のみならず，空気中の煙やすすの微粒子などでもみられる普遍的な運動であり，高速運動をしている気体や液体の分子がそのなかに分散している微粒子に衝突するために起きるものと考えられました．

このブラウン運動に分子論の立場から理論的説明を加えたのが**アインシュタイン** (A. Einstein: ドイツ, アメリカ, 1879～1955) でした (1905)．

1908～13 年，**ペラン** (J. B. Perrin: フランス, 1870～1942) は数々の困難な実験を繰り返し，アインシュタインによる分子理論を実証し，分子の大きさやアボガドロ定数を求めることに成功しました．これにより**原子・分子の実在が広く認めら**

図 1.8 ペラン

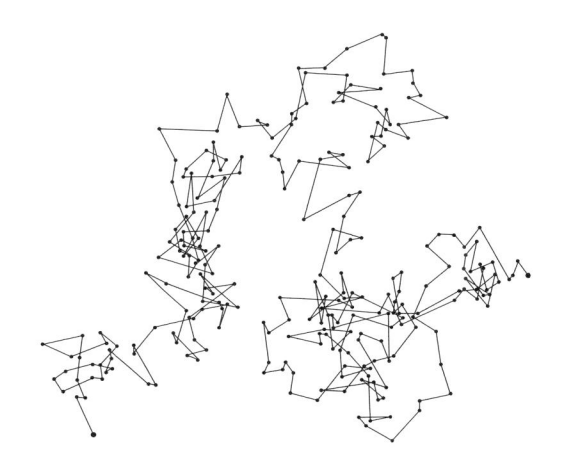

図 1.9 ペランが観測したブラウン運動の例. 乳香の微粒子の位置を一定時間ごとに記録したもの. 実際の三次元運動を平面に投影して描かれています.

れるようになりました. 図 **1.9** は, ペランが観測したブラウン運動の一例で, ブラウン運動をしている乳香 (香料の一種) の微粒子の位置を一定時間ごとに記録したものです. 実際は三次元の運動ですが, 平面に投影して描いてあります.

1.5　原子の大きさ

たしかに原子 (アトム) が存在することはわかってきましたが, それでは原子はどのくらいの大きさなのでしょう.

いろいろな実験結果からアボガドロ定数が

$$N_A = 6.0221367 \times 10^{23}\,\mathrm{mol}^{-1}$$
$$\approx 6 \times 10^{23}\,\mathrm{mol}^{-1}$$

であることがわかってきました.

金属のような固体中では, 原子が隣の原子とくっつき合うようにぎっしりと詰まっていると考えると, 私たちは原子の大きさを推定することができます.

右の図 1.10 のように，原子の半径を r cm としましょう．1 cm の中には $1/(2r)$ 個の原子が並び，1 cm^3 の体積の中には $1/(2r)^3$ 個の原子が詰まっているでしょう．その金属の密度を ρ [g/cm^3]，分子量 (金属の場合は原子量に等しい) を A とするならば，A/ρ がその金属 1 mol の体積です．だから 1 個の原子の占める体積は，この 1 mol が占める体積をアボガドロ定数 N_A で割ったものです．すなわち，

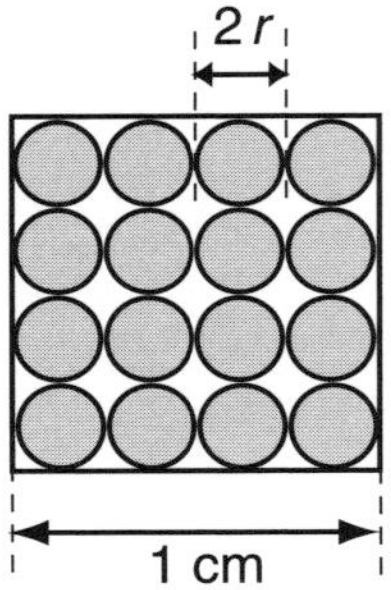

$$1 \text{原子が占める体積} = (2r)^3 = \frac{A}{\rho \cdot N_\mathrm{A}}$$

図 1.10　金属の中の原子

です．したがって，原子の半径は

$$r = \frac{1}{2}\left(\frac{A}{\rho \cdot N_\mathrm{A}}\right)^{1/3} \quad (A = \text{分子量}, \quad \rho = \text{密度 g/cm}^3)$$

と考えられます．

いくつかの固体原子について，上式を使って原子半径を推定したものを下の表 1.1 にあげておきます．

この結果から，**原子の大きさは数オングストローム (Å) である**ことがわかります ($1\text{Å} = 10^{-8}$ cm $= 10^{-10}$ m)．

表 1.1　金属の密度から原子半径を推定

元素	原子量	密度 [g/cm^3]	半径 [cm]
リチウム	7	0.7	1.3×10^{-8}
アルミニウム	27	2.7	1.3×10^{-8}
銅	63	8.9	1.14×10^{-8}
硫黄	32	2.07	1.48×10^{-8}
鉛	207	11.34	1.55×10^{-8}

1.6 電気素量の発見

19世紀の初頭，**電気分解**の実験がさかんに行われました．たとえば，水を電気分解すれば酸素と水素が発生することがわかりました．

電気分解とは，図 **1.12** のように，電解槽（電解質溶液を入れた容器）に浸した二つの電極間に電流を流すと，電解質が陽イオンと陰イオンに分解し，陰イオンがプラス電極に，陽イオンがマイナス電極に引きつけられて析出する現象です．

図 **1.11** ファラデー

ファラデーの電気分解の法則

ファラデー (M. Faraday: イギリス，1791 ～ 1867) は電気分解に関していろいろな実験を繰り返し，

> 「電気分解によって電極に析出する物質の量は流れた電気量に比例し，同一の電気量によって生成する物質の質量はその物質の化学当量 (原子量をその原子価で割った値) に比例する」

という**電気分解の法則**を発見しました (1833)．

原子価

ある元素の原子1個が，他の元素の原子何個と結合するかを表す数を**原子価**といいます．つまり，それぞれの原子が結合する「手」を何本もっているかということです．水素は「手」を1本，酸素は「手」を2本もっていて，酸素1個が水素2個と結合し，「両手に花」となって水ができます．したがって，水素の原子価は1，酸素は2です．

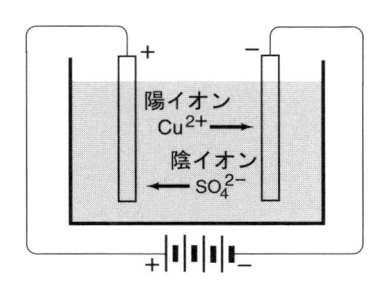

図 **1.12** 硫酸銅の電気分解

電気分解からみた電気素量

いま, 電気分解において, 析出する元素の質量を M, その原子量を A, 原子価を v, 流れた電気量を Q としましょう. つまり Q はこの電気分解において運ばれた全電気量です. M は電気量 Q と化学当量 A/v とに比例するから,

$$\text{析出する元素の質量} = M = \frac{1}{F} \times Q \times \frac{A}{v}$$

となります. ここで $1/F$ は比例定数です.

さて, この電気分解を原子説の立場で考えましょう. 一つの原子が運ぶことのできる電気量は, その原子の「手」の数, すなわち原子価 v に比例すると考えましょう. 一つの「手」が運ぶ電気量を電気の単位 q とすれば, 1 個の原子が運ぶ電気量は vq と考えるわけです.

いま 1 mol の元素が析出される場合を考えると, そのなかにはアボガドロ定数 N_A だけの個数の原子があり, 運ばれる電気量は $Q = N_A \times vq$ です. またこのとき $M = A$ ですから, 上の式から

$$A = \frac{1}{F} \times vq \times N_A \times \frac{A}{v}, \qquad \text{したがって} \qquad q = \frac{F}{N_A}$$

が得られます.

定数 F は**ファラデー定数**とよばれ, 実験の結果その値は

$$F = 96\,500\,\mathrm{C}\,(\text{クーロン})/\text{グラム当量}$$

です. つまり, 元素の 1 グラム当量を電気分解で生成するために必要とされる電気量が 96 500 C (クーロン) であることを意味します. (1 グラム当量とは化学当量だけのグラム数の質量です. 水素なら 1 g です. **図 1.12** の硫酸銅の電気分解の場合は, 銅の原子価は 2, 原子量は 63 ですから, 銅 31.5 g が 1 グラム当量です.)

以上の結果から, 電気分解における電気量の**最小単位**は

$$(\text{電気量の最小単位}) = \frac{F}{N_A} = \frac{9.65 \times 10^4}{6 \times 10^{23}}$$

$$= 1.60 \times 10^{-19}\,\mathrm{C}$$

となります. これがミクロの世界における**電気素量** (電気の基本単位: **素電荷**ともいう) であることがわかってきました.

ミリカンの実験

ファラデーの電気分解の法則の発見から約 80 年後の 1909 年, 物理的な方法で**電気素量**の精密な測定が**ミリカン** (R. A. Millikan: アメリカ, 1868 〜 1953) によってなされました.

ミリカンの実験装置は**図 1.13** の通りです. 細かい**油滴**が霧吹きによって極板間の空気中に散布されます. 水滴ではなく油滴を使った理由は, 蒸発によって液滴がすぐに消えてなくなることを防ぐためです. ふつう霧吹きの過程で油滴は十分帯電しますが, 帯電が足りない場合は X 線を当てて帯電させます.

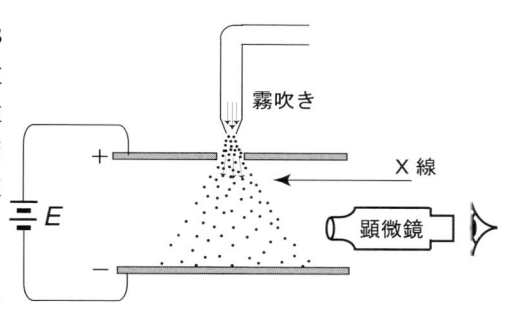

図 1.13 ミリカンの実験装置の概要

顕微鏡で観察するのにふさわしくない大きい油滴は視野から早く落下して, 都合のよい大きさの油滴のみが残ります. 極板間には空気がありますので, 油滴には重力と空気の粘性抵抗が働き, 油滴は一定の速さでゆっくり落下します. この速度を顕微鏡で観察して測定します. また, 極板間に電圧 E をかけると, 帯電した油滴に上向きに力が働き, その落下速度は変化します. たくさんの油滴について電圧 E を変化させたりして何度も観測を繰り返します.

ミリカンはこれらの観測結果から油滴の電荷を測定し, それらが**最小の電荷 e の整数倍**になっていることを発見し, その値は電気分解で測定した電気素量の値によく一致していました. この結果, 電気量の**基本単位**は**電気素量 (素電荷)** e であることがわかりました.

現在では**電気素量** e の値は精密に測定されて,

$$e = 1.60217733(49) \times 10^{-19} \mathrm{C}$$

という値が得られています.

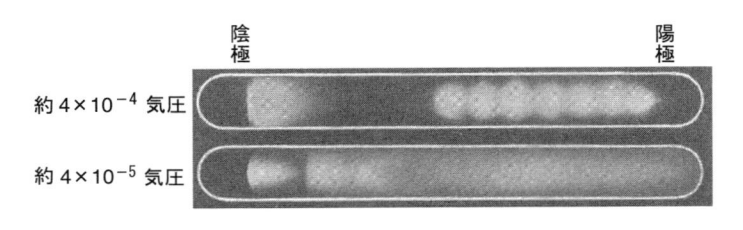

図 **1.14** 真空放電の例

1.7 電子の発見

真空放電，陰極線

　ガラス管の中に 1 対の電極を入れ，そのあいだに数キロボルトの高電圧をかけます．管内の気体が低圧 (0.1 気圧以下) になると放電が起こります．これを**真空放電**といいます．このとき管内にはしま模様がみられます．図 **1.14** にその例があげられています．

　圧力が 0.000 001 気圧くらいになると，しま模様が消えて，管内が暗くなりますが，放電が止まったわけではなく，電流は依然として流れています．つまり電極間に何かが流れているのです．これが**陰極線**とよばれるものです．この陰極線をつくる装置を，その発明者**クルックス**

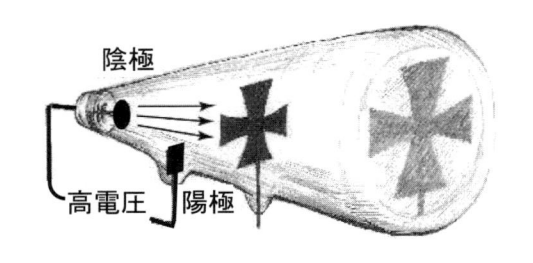

図 **1.15**　クルックス管のスケッチ

(W. Crookes: イギリス, 1832 ～ 1919) にちなんで**クルックス管**とよびます．

　陰極線の性質を調べるため，図 **1.15** のスケッチのように，クルックス管の中に十字の板を置き，管の反対側に蛍光物質のスクリーンを張っておくと，その上に影ができます．このことから，陰極線は陰極から陽極へ向かって発射され，直進する性質があることがわかります．

陰極線の正体

陰極線の正体が何であるかは，**J. J. トムソン** (J. J. Thomson: イギリス，1856〜1940) によって研究されました (1897)．

イギリスには，科学史上トムソンという名の有名な物理学者が 3 人いますので，混同しないようにして下さい．

1) **W. トムソン** (William Thomson：1824〜1907) ケルビン卿 (Lord Kelvin) ともよばれ，絶対温度の単位 K (ケルビン) はケルビン卿にちなんでつけられました．
2) **J. J. トムソン** (Joseph John Thomson: 1856〜1940) この節のトムソン です．J. J. トムソンは，本節で説明する電子の発見のほかにも，あとでお目にかかる原子模型の提唱など，たくさんの業績をあげました．
3) **G. P. トムソン** (George Paget Thomson: 1892〜1975) J. J. トムソンの息子です．アメリカの物理学者デビスンとジャーマーによる電子の波動性の実証とは独立に，G. P. トムソンも金属結晶による電子の回折を確かめ，電子の波動性を実証しました．

図 1.16　J. J. トムソン

J. J. トムソンが用いた実験装置の概要は**図 1.17** の通りです．基本的にはクルックス管と同じ原理です．

J. J. トムソンは，陰極から発射される陰極線は**マイナスの荷電を帯びた同一粒子の集まり** (粒子の束) ではないか，と推定しました．陰極からでたこの「粒子」は陽極に引っ張られて加速し，陽極の中央に開けられたあなを通って直進し，1 対の電極板 (P_1 と P_2) のあいだを通ります．これらの電極板に電圧がかかっていなければ，「粒子」はそのまま直進し，蛍光物質を塗布したスクリーン S に当たって中心点に小さなスポットをつくります．上側の電極板 P_1 がマイナス，下側の電極板 P_2 がプラスになるように電圧をかけると，「粒子」は下に曲げられて，スポットは下方へ動きました．しかし，スポットは大きく広がったり，ぼけたりはしません．陰極線がマイナスの電荷をもち，同一粒子からなるというトムソンの推定が正しいようです．

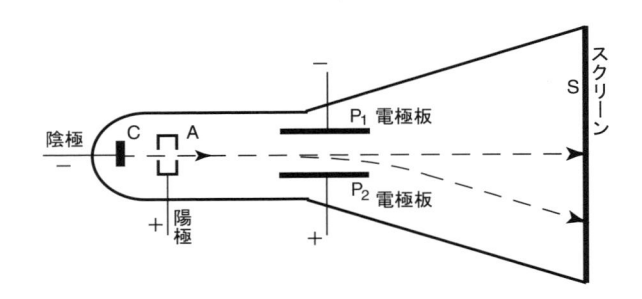

図 1.17 トムソンの実験装置の概要

陰極線の比電荷

上に述べた J. J. トムソンの陰極線の実験装置で, 陰極線の中の「粒子」の比電荷 e/m を測定することができます. e は「粒子」の電荷, m は質量です. 以下で陰極線の比電荷の測定法について説明しますが, 少し数式がでてきますので, 難しいと思われる方は読み飛ばしてください.

J. J. トムソンが陰極線の研究に使った実験装置の概略図の中心部分を拡大したものが図 **1.18** および図 **1.19** です. これらの図によって, トムソンが行った比電荷 (e/m) の測定の方法を説明しましょう. ここで e は陰極線の「粒子」の電荷, m は質量です. 陰極線の「粒子」はマイナス ($-e$) に帯電しているものとします.

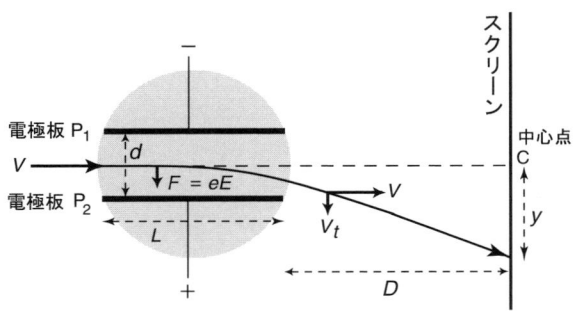

図 1.18 J. J. トムソンの実験装置 (A)

まず図 **1.18** の説明をしましょう. 図中の影で示した部分には, 画面に垂直に磁場がかけられるようになっています. しかし, 当面は磁場はかかっていないものとします.

「粒子」は左方から速さ v で電極板 P_1, P_2 のあいだに入射します. これらの電極板のあいだには電圧 V がかけられているものとします (P_1 がマイナス, P_2 がプラス

です).したがって,P_1, P_2 のあいだには,一様な強さ E の電場ができます.電極板間の距離を d とすると,$E = V/d$ です(d は小さな距離です).「粒子」は $-e$ の電荷をもっていますから,垂直下方に(P_2 の方に)$F = eE$ の大きさの力を受けます.「粒子」が幅 L の電極板のあいだを通るのに要する時間は $T = L/v$ です.この間「粒子」は電場から力 F を受け続けますので,この間に「粒子」に与えられる運動量は,垂直下向きに

$$(運動量) = (力) \times (時間) = F \times T = \frac{eEL}{v}$$

です.「粒子」が極板間を通り抜けたときの垂直下向きの速さを v_t とすると,上の(運動量)は mv_t になるはずですから,

$$mv_t = \frac{eEL}{v}, \quad ゆえに \quad v_t = \frac{eEL}{mv}$$

となります.

電極板からスクリーンまでの距離を D とすると,「粒子」が電極板からスクリーンまで到達するのに要する時間は,ほぼ $(D + L/2)/v$ です.したがって,スクリーン上のスポットが中心点 C より下方にずれる距離 y は,おおよそ

$$y = v_t \frac{D + L/2}{v} = \frac{eEL}{mv^2}\left(D + \frac{L}{2}\right)$$

となります.

次に,「粒子」の水平方向の速度 v を測る方法を図 **1.19** により説明します.

図中の影で示した部分に,画面に垂直に裏から表向きに一様な磁場をかけます.磁場の強さを B とします.

電磁気学によれば,一様な磁場の中では荷電粒子は磁場に垂直な平面内で円運動をします.したがって,陰極線粒子は「影」の範囲で円運動を始めます.このとき粒子には,図 **1.19** に示すように,円運動の中心に向かって大きさ Bev の力が働きます.磁場

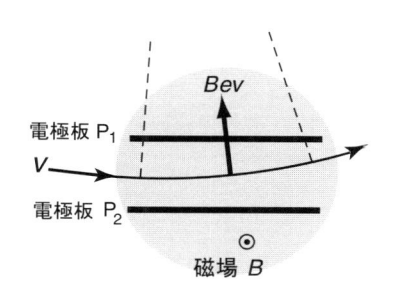

図 **1.19** J. J. トムソンの実験装置の中心部分 (B)

の強さ B を調節して,極板間の電場による垂直下向きの力 eE と磁場による上向きの力 Bev とをうまくつり合わせることができます.つり合った場合には,「粒子」は直進してスクリーン上の中心点にスポットができます.つまり,中心点 C にスポットがくるように磁場の強さ B を調節するわけです.このときの力のつり合いは $eE = Bev$

ですから，
$$v = \frac{E}{B} = \frac{V}{dB}$$
となります．この結果を，極板間に電場だけをかけたときの上記のスポットの中心点からのずれ y の式に代入すると，
$$y = \frac{edL(D+L/2)B^2}{mV}$$
となります．したがって比電荷は
$$\frac{e}{m} = \frac{yV}{dL(D+L/2)B^2}$$
と表されます．右辺のすべての量 y, V, d, L, D および B は測定可能な量ですから，これらを測定すれば**比電荷** (e/m) が得られるわけです．

上に説明したようにして，トムソンは陰極線中の「粒子」の比電荷を測定し，
$$\frac{e}{m} = 1.3 \times 10^{11} \mathrm{C/kg}$$
という値を得ました．もう少し正確な実験値は
$$\frac{e}{m} = 1.76 \times 10^{11} \mathrm{C/kg}$$
です．さまざまな条件のもとで，いつもほぼ一定の比電荷が得られることから，陰極線は同一粒子の集まりであると考えられます．

陰極線の本性，電子の発見

上に得られた陰極線中の「粒子」の比電荷の測定値を，水素イオンの比電荷と比べてみましょう．

1.6 節のファラデーの電気分解の法則で説明したように，1グラム当量の元素を電気分解で生成するためには 9.65×10^4 C の電気量が必要です．ということは，たとえば水素を考えると，水素の原子価は 1 で原子量は約 1 ですから，水素イオンの 1g は 9.65×10^4 C の電荷をもっていることになり，水素イオンの比電荷は約 9.65×10^7 C/kg ということになります．したがって，

(陰極線の比電荷 e/m) ÷ (水素イオンの比電荷)
$= (1.76 \times 10^{11}) \div (9.65 \times 10^7)$
≈ 1800

となります.この結果は,陰極線の「粒子」の質量がきわめて軽く水素原子に比べて約 1/1800 であるか,あるいは陰極線の「粒子」が水素イオンより 1800 倍も多くの荷電を運ぶことができることを意味します.J. J. トムソンは,後者はありそうにもないので,前者の考えをとり,陰極線の「粒子」は最も軽い元素である水素より,さらに**約 1/1800** 軽い微小な粒子であると考え,これを**電子** (electron) と名づけました.

電子の質量

J. J. トムソンの研究より少しあとになりますが,**1.6 節**で説明したミリカンの実験で電気素量の大きさが明らかになったので,陰極線の「粒子」,すなわち電子の電荷が**電気素量 (素電荷)** e に等しいとするのがもっともらしいと思われます.その結果,電子の質量も明らかになりました.

現在では,これらのデータはきわめて精密に測定されて,

$$\text{電子の比電荷} = \frac{e}{m} = 1.75881962(53) \times 10^{11}\,\text{C/kg}$$
$$\text{電子の質量} = m = 9.1093897(54) \times 10^{-31}\,\text{kg}$$

であることがわかっています.

電子は原子の共通の構成要素

さまざまの実験の結果,陰極線の性質は放電管の中のガスの種類によらないことがわかりました.また,金属を 2000 °C 近くまで熱すると,おびただしい数の電子が放出されることがわかりました.これは**熱電子**とよばれています.

リチャードソン (O. W. Richardson: イギリス,1879 ~ 1959) はこの熱電子の詳しい研究をして,原子の中の電子が高熱によって激しく運動して原子から飛びだしてくるのだと考え,電子がすべての原子に共通の構成要素の一つであることを確かめました.

1.8 第1章のまとめ

本章で学んだことをまとめておきましょう.

(1) 物質を細かく分割していくと,ついには**分子**や**原子**になります. 最初はこれらが物質を構成する最小の基本単位だと考えられました.
(2) 電気にも普遍的な基本単位すなわち**電気素量** e があることがわかりました.
(3) さらに,原子よりもはるかに軽い**電子**があることがわかりました. そして電子は電気素量 e と同じ電荷 (マイナス) をもっていることがわかりました.
(4) 電子はいろいろな原子に共通の構成要素であることがわかりました.

つまり,物質も電気量も連続的ではなく,**不連続**な微小な基本単位が集まって構成されているということがわかりました. 私たちはこれを**物質と電気の原子的性質**とよぶことにしましょう.

演 習 問 題

1-1 自然界に存在する水素には,質量数が1の ^{1}H と質量数が2の ^{2}H の二つの同位体が混じっている. ^{2}H は重水素ともよばれ,D と表されることもある. これら二つの同位体の質量は ^{1}H が 1.0078 amu, ^{2}H が 2.0141 amu である. またそれぞれの存在比は, ^{1}H が 99.985%, ^{2}H が 0.015% である. 自然界の水素の原子量はいくらか.

1-2 自然界にある酸素には,質量数の異なる3種類の同位体,酸素16 (質量 = 15.9949 amu), 酸素17 (質量 = 16.9991 amu) および酸素18 (質量 = 17.9992 amu) が含まれ,それらの存在比は,それぞれ,99.762%, 0.038% および 0.200% である. 自然界の酸素の原子量はいくらか.

1-3 分子量とはその分子を構成している原子の原子量の総和である. 原子質量単位 (amu) で,水素 (H) の原子量は 1, 炭素 (C) は 12, 窒素 (N) は 14, 酸素 (O) は 16 である. 水 (H_2O), 一酸化炭素 (CO), 炭酸ガス (CO_2), 窒素酸化物 (NO_2), アンモニア (NH_3) の分子の分子量は,それぞれいくらか.

1-4 アルゴン気体 1 mol を, 1 辺が 10 cm の立方体の箱の中に入れ, 温度を 20°C としたとき, アルゴン分子の平均速度はいくらくらいか推定せよ.

1-5 分子の大きさを推定する次のような巧妙な方法がある.

いま, ある液体が, x, y, z 軸方向に, 1 m あたり n 個の分子がびっしりと詰まっている立方体構造をしていると考えよう. 各分子は最も近接している 6 個の分子と結合の手で結合していると考えられる. その結合の手を一つ切るために必要なエネルギーを ϵ [J] としよう. したがって, その液体の $1\,\mathrm{m}^3$ を完全に蒸発させるために必要なエネルギー (潜熱) は $E = 6n^3\epsilon\,[\mathrm{J/m^3}]$ となるはずである.

さて, 1 個の分子が液体表面にある場合を考えると, 他の近接分子との結合の手は五つである. したがって, 立方体の表面の 1 面にある n^2 個の分子をすべて引きはがすのに必要な全エネルギー S は, $S = n^2\epsilon\,[\mathrm{J/m^2}]$ である. これがその液体の表面張力になるはずである.

水の場合, 蒸発の潜熱および表面張力の実験値, $E = 2 \times 10^9\,[\mathrm{J/m^3}]$ および $S = 0.075\,[\mathrm{J/m^2}]$ と上記の議論から, 水の分子の大きさ d を推定せよ. ただし, $d \approx 1/n\,[\mathrm{m}]$ と考えよう.

1-6 硫酸銅 $\mathrm{CuSO_4}$ の水溶液を電気分解したところ, 陰極に銅が 1.27 g 析出した. 電気分解に要した電気量はいくらか.

1-7 50 keV の電子のビームが 5 mm 離れた長さ 5 cm の 2 枚の平行金属板のあいだを通過するものとする. 平行金属板のあいだに 1 kV の電圧がかけられているものとすれば, 平行金属板の端から 20 cm 離れたスクリーン上で, 電子のビームは中心点からどのくらい屈曲させられるか.

1-8 J. J. トムソンによる電子の比電荷 (e/m) の測定 (図 **1.18**) において, トムソンの論文中の数値

電極板の長さ: $L = 0.05\,\mathrm{m}$

電場の強さ: $E = 1.5 \times 10^4\,\mathrm{V/m}$

磁場の強さ: $B = 5.5 \times 10^{-4}\,\mathrm{T}$

電場のみの場合の偏向角: $\tan\theta = \dfrac{v_t}{v},\quad \theta = \dfrac{8}{110}\,\mathrm{rad}$

を使えば, 電子の比電荷はいくらになるか.

第 2 章　原子の構造

物質の基本単位が原子であるということが，第 1 章で明らかになりました．それとともに，原子の共通の構成要素として電子が含まれていることもわかりました．このことは，原子が究極の粒子ではなく，内部構造をもつものであることを示唆しています．では原子は何からできていて，どのような構造になっているのでしょうか．いよいよ原子の内部へ入っていくことにしましょう．

2.1　放射能の発見

自然放射能は，1896 年，ベクレル (A. H. Becquerel: フランス，1852 〜 1908) によって発見されました．ベクレルはウラン元素がガラスや黒い紙で隔てられているにもかかわらず，写真乾板を感光させ，またこの「光線」が**検電器**に感知することもみつけました (1896)．つまりこの「光線」は電荷をもっているわけです．いまではこの「光線」は**放射線**とよばれ，放射線をだす物質を**放射性物質**，そのような性質を**放射能**とよんでいます．

検電器

物体が帯電しているかどうかを確かめる道具が**検電器**で，その 1 例が図 **2.1** に示される**はく検電器**です．

はく検電器はガラスびんのような絶縁体の容器の中に，容器外にでている金属の電極につながった 2 枚の軽い金属はくをつるしたものです．帯電した物体を電極に接触させると電極が帯電し，つ

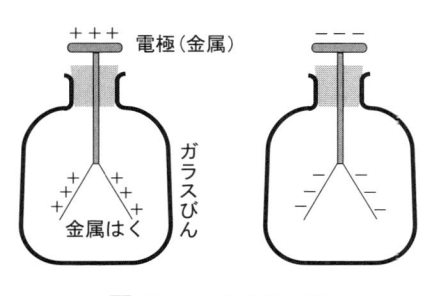

図 **2.1**　はく検電器

るされた金属はくが電気の反発力により左右に開きます．開き具合によって帯電の大きさを推定できます．

現在では精度の高い電子機器が使われますので，はく検電器は教育用にしか使われなくなりました．

ラジウムの発見

1898 年，マリー・キュリー (Marie Curie: ポーランド，フランス，1867〜1934) とピエール・キュリー (Pierre Curie: フランス，1859〜1906) は放射能が原子の化学的状態にはよらず，原子そのものに関係していることを確かめました．そして，ピッチブレンド (瀝青ウラン鉱) からの放射能がウランそのものより強いことに着目し，その中から**ポロニウム**と**ラジウム**という放射性元素を発見しました．

なお，**放射能**という命名はマリー・キュリーによるものです．ソディ(F. Soddy: イギリス，

図 2.2 マリー・キュリー

1877〜1956) はラジウムが崩壊してラドンになるということを発見し (1903)，元素が放射線をだして別の元素になるという**放射性崩壊**が明らかになりました．

放射能や放射性崩壊の発見によって，原子が究極の粒子ではなく，さらに小さい基本物質から成り立っていることが予想され，原子が何からできているか，どのような構造であるか，ということがたいへん興味ある問題となりました．

放射線の種類

放射線には α(アルファ) 線，β(ベータ) 線，γ(ガンマ) 線の 3 種類があることがわかりました．電場や磁場の中でどのように曲がるかということを調べて，α 線は電荷が $+2e$ (e は電荷素量) で比電荷 (電荷 ÷ 質量) が水素イオンの場合の半分であり，β 線は電子そのものであり，γ 線は電荷をもたず，

レントゲン (W. C. Röntgen: ドイツ, 1845～1923) によって発見された **X線**によく似ていることがわかりました．のちに，X線もγ線も，ともに波長の短い電磁波 (= 光) であることがわかりました．γ線の波長はX線よりも短いのが普通です．

一様な磁場の中でのα線，β線，γ線の進み方を**図2.3**に示します．図では磁場は画面に垂直に表から裏に向いています．

2.2 原子の中の電子の個数

第1章で学んだように，原子の中に電子が存在することがわかりました．

それでは，それぞれの原子の中には決まった個数の電子があるのでしょうか．この問題に解答を与えたのは，原子による**X線の散乱**の実験でした．以下で簡単に説明しましょう．

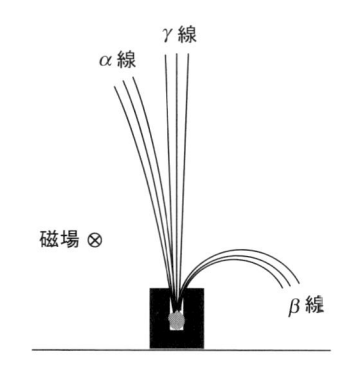

図2.3 一様な磁場中での放射線の進み方．磁場は画面に垂直に表から裏に向いています．

X線の性質

X線は真空放電の実験をしていた**レントゲン** (W. C. Röntgen: ドイツ, 1845～1923) によって偶然発見されました (1895)．レントゲンは，黒い厚紙で巻かれたクルックス管から，透過性のきわめて強い一種の「光線」がでて，室内のはなれた場所におかれた蛍光物質を発光させることに気がつきました．これは陰極線の作用でないことは明らかでした．なぜなら陰極線はガラスも黒い厚紙も通しませんから．この未知の「光線」は「未知」という意味で **X線**と名づけられました．

クルックス管からX線がでる理由は，高速の陰極線 (電子) がガラスや金属に衝突するからです．電磁気学によれば，**荷電粒子が加速または減速するときに電磁波 (= 光) をだします**．クルックス管の中の陰極線 (電子) がガラスなどに衝突すると，電子がストップし，つまり急速に減速され，このとき電磁波がでるはずです．これがX線がでる理由です．

普通の光と同様，**X 線が電磁波である**という証拠は，X 線をきわめて狭いスリットを通すと光と同様な**波動の性質** (回折現象) を示すからです．また**偏光**するという性質も実験的に確かめられました．

原子による X 線の散乱，電子の個数

原子は電気的に**中性**です．一方，原子の中にマイナスに帯電した電子があることがわかっていますので，このマイナス電気を打ち消すだけのプラス電気を帯びた「ある物」が原子の中にあるはずです．また電子の質量は原子の質量よりはるかに小さく，最も軽い水素原子と比べても約 1/1800 ですから，プラス電気をもつ「ある物」が原子の質量のほとんどすべてをになっているはずです．まずこのことを念頭においてください．

上に述べたように，X 線は電磁波であることがわかりました．この X 線が原子に当たると，X 線の電場が原子内の荷電物質 (電子や「ある物」) に力を及ぼして振動させます．加速・減速を繰り返して振動する荷電物質は電磁波を四方に放射します．このようにして，図 **2.4** に示すように，入射した X 線がいろいろな方向に散乱されるわけです．

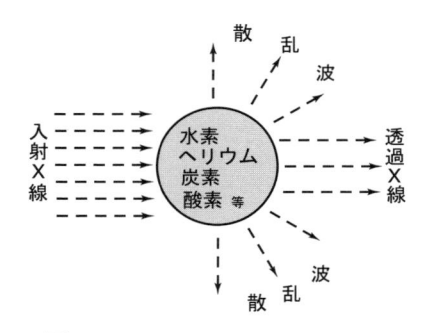

図 **2.4** 原子による X 線の散乱

電磁気学によれば，加速度をもった荷電粒子が放射する電磁波の強さは粒子の加速度の 2 乗に比例します．ニュートンの運動方程式によれば，加速度は働いた力を質量で割ったものです．したがって，放射される電磁波の強さは質量の 2 乗に反比例します．原子の中のプラスの「ある物」が放射する電磁波の強さは，それよりはるかに軽い電子が放射する電磁波に比べて 1/1000000 よりも弱く，完全に無視できます．

つまり，**X 線は原子の中の電子だけによって散乱される**，と考えてよいでしょう．

原子内の電子の個数

図 2.4 のように，X 線をいろいろな原子に照射する実験をしました．このとき，入射した X 線の一部は散乱され，その分だけ透過 X 線の強さは弱くなります．この**減衰度**は原子の中の電子の個数によります．これを詳しく調べた結果，電子の個数がわかりました．

水素原子における電子の個数は 1，ヘリウムは 2 というように，**電子の個数は原子量の約半分**であることがわかりました．

2.3　原子によるアルファ粒子の散乱

前節までに明らかになった**原子の性質**をまとめておきましょう．

(1) **原子の半径**はほぼ $1\,\text{Å} = 0.1\,\text{nm} = 10^{-10}\,\text{m}$ の程度です．
(2) 原子全体に比べてはるかに軽くマイナスの電荷 $-e$（$e =$ 電気素量）をもつ**電子**を含んでいます．**電子の個数は原子量の約半分**です．
(3) 原子は電気的に中性です．したがって電子のマイナス電荷を打ち消す同量のプラス電荷をもつ「ある物」が原子の中に存在するはずです．この「ある物」が**原子の質量**のほとんどすべてをになっていると思われます．

このような原子の内部はどうなっているのでしょう．目にみえない原子の内部構造を調べるためには，何か適当な物をぶっつけて反応をみるのがよいと思われました．それには，ウラニウムやラジウムのような放射性物質からでてくる **α 線**が適当ではないでしょうか．

アルファ線の正体

原子に α 線をぶっつける前に，α 線の正体を知らなくてはなりません．

α 線はウラニウムやラジウムなどから高速で放出されるプラスに帯電した放射線で，α 粒子の集まり (束) であると考えられました．

第2章 原子の構造

まずα線の進路を電場および磁場の中で曲げて，比電荷Q/Mを測定しました（Qは電荷，Mは質量）．その結果，α粒子の比電荷は水素イオンの比電荷の1/2でした．このときの測定法は1.7節で説明した「電子の比電荷の測定法」と同様です．ただし，電子はマイナスに，α粒子はプラスに帯電していることに注意してください．

またα粒子の電荷を測定します．それにはまず，図 2.5(A) のような装置で，α線源から単位時間に単位立体角あたり何個のα粒子が放出されるか，その個数を計測します．検出器には**シンチレーション**が使われます．すなわち，検出器の窓に張られた蛍光物質の発光の個数を数えるわけです．

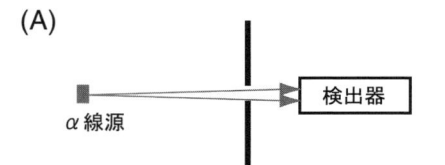

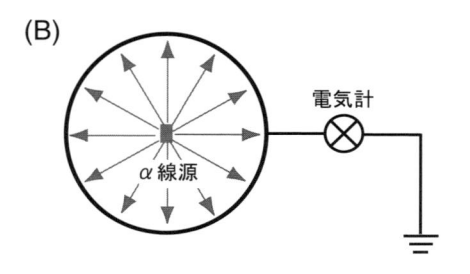

図 2.5　α粒子の電荷の測定

シンチレーションとは，**蛍光物質**に放射線のような荷電粒子が当たると発光する現象をいいます．このシンチレーションの数を計測する装置が**シンチレーション計数管**です．

シンチレーション物質としては，プラスチック，硫化亜鉛，ヨウ化ナトリウムなどさまざまな物質が使われます．

現在では，シンチレーション計数管は，**光電子増倍管**の前面にシンチレーション物質を置いて，発光を電気パルスに変換し，増幅して感度を上げて高性能化され，**原子核研究**における重要な測定器であるだけでなく，**生物学**，**地質学**でも広く利用されています．

次に，図 2.5(B) のような装置で，同じα線源から単位時間内に放射される全電荷を測定し，α粒子の個数で割れば，α粒子1個あたりの電荷が得られます．このようにして

$$\alpha \text{粒子の電荷} = +2e \quad (e = \text{電気素量})$$

であることがわかりました.したがって, α 粒子はヘリウム原子が 2 個の電子を失った**ヘリウムイオン**ではないかと推定されました.

この推定が正しかったことは**ラザフォード** (E. Rutherford: イギリス, 1871〜1937) と**ロイド**によって確かめられました (1908). そのとき使われた実験装置の概略は図 **2.6** の通りです.

真空のガラス容器 **B** の中の **A** の位置に, 非常に薄いガラス管内に放射性物質 (気体) が水銀 M_2 で圧力をかけて封入されて置かれています. 放射性物質から放射された α 粒子は薄いガラス管を透過して, 外側のガラス容器 **B** にたまります.

数日間放置したあと, 水銀容器 M_1 を引き上げて, **B** 内にたまった気体を最上部の細い管 **V** に導き, 電極に電圧をかけて放電させ, スペクトルを観測したところ, ヘリウムと同じスペクトルが得られ, **B** 内にたまった気体はヘリウムガスであることが確認されました.

つまり, **A** から **B** へでてきた α 粒子は周囲から 2 個の電子を捕獲してヘリウム原子になったわけです. このようにして,

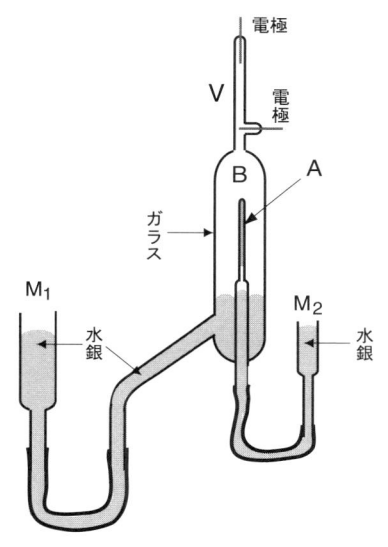

図 **2.6**　ラザフォードとロイドの実験装置

α **粒子は 2 価のヘリウムイオンである**, ということが確認されました.

念のため, ガラス管 A の中の放射性ガスの代わりに, ヘリウムガスを入れてみました. このときには, 数日放置しておいても外側のガラス容器 B 内にはヘリウムは現れませんでした. つまり, ガラス管 A の薄い壁を α 線は通すけれども, ヘリウムガスは通しません. なぜか考えてみましょう.

原子によるアルファ線の散乱

原子に α 線を衝突させる実験は, ラザフォードの指導のもとに, 彼の研究室で行われました. **ガイガー** (H. W. Geiger: ドイツ, 1882〜1945) と**マースデン**

(E. Marsden: イギリス, 1889〜1970) は，ラジウムから放出される α 粒子を薄い金属はくにあて，その影響をしらべる実験を行いました (1909)．実験の概要は図 **2.7 (a)**，実験装置は図 **2.7 (b)** の通りです．

上の図 **2.7(a)** において，真空の散乱槽の中で α 線源 R からでた高速の α 粒子は，中央の金属はく F に当たり，いろいろな角度に散乱されます．これを蛍光物質 S を前面に置いた顕微鏡 M で観測します．α 粒子が S に当たったときのシンチレーション (発光) を顕微鏡で観測するわけです．これにより，どの角度に何個の割合で散乱されるか計測できます．

ガイガーとマースデンの実験の結果，衝突した α 粒子の大部分はまっすぐ前方に直進しますが，ごくたまに **90°** 以上にもなる大きな角度に散乱される α 粒子があることがわかりました．

(a) 原子による α 粒子の散乱実験の概要

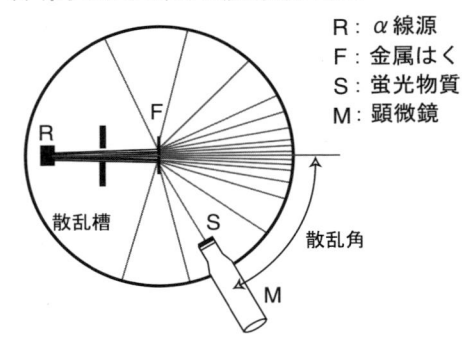

R：α 線源
F：金属はく
S：蛍光物質
M：顕微鏡

(b) 原子による α 粒子の散乱の実験装置

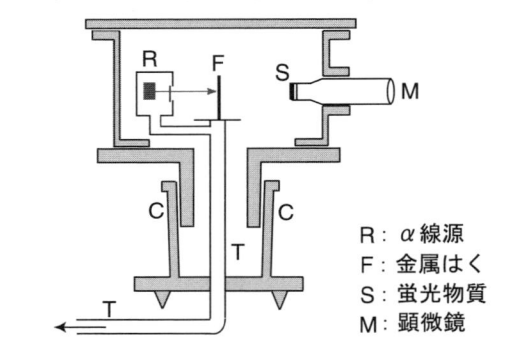

R：α 線源
F：金属はく
S：蛍光物質
M：顕微鏡

図 **2.7** ガイガーとマースデンの原子による α 線散乱の実験

2.4 トムソンの原子模型

J. J. トムソンは，原子の構造をレーズンパン (ぶどうパン) のようなものと考えました．つまり，大きさが約 10^{-10} m 程度のプラスに帯電した球形の連続的な「パン生地」の中に「ほしぶどう」のように電子が散らばっていて，全体として電気的に中性となっているという考え方です．これをトムソンの

2.4 トムソンの原子模型

原子模型といいます．トムソンの原子模型の概念図が図 **2.8** に示されています．

トムソン模型とアルファ粒子の散乱

前節で述べたように，ガイガーとマースデンは α 線を非常に薄い金属 (金や銀) のはくに当てて，α 粒子の散乱の実験をしました．その結果，金属はくに入射した α 粒子の大部分は，はくを通り抜けて直進するけれども，**ごく一部は大きな角度の方向へ散乱される**ことがわかりました．

この実験結果をトムソン模型で説明することができるでしょうか，以下で検討しましょう．結論を先にいうと，**α 粒子の散乱の実験結果をトムソン模型で説明することはできない**，ということです．つまり，トムソン模型は原子の模型としては成り立たないということです．以下の検討にはちょっぴり数式がでてきますので，面倒な方は読み飛ばしてください．

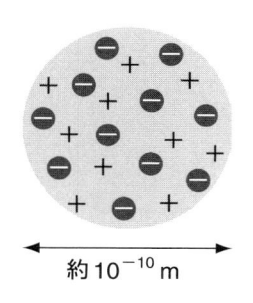

図 **2.8** トムソンの原子模型

「パンの生地」にあたるのが，プラス電気をもつ**重い**部分で，その中にきわめて**軽い**「ほしぶどう」にあたる**電子**が散らばっています．α 粒子は電子に比べて約 7000 倍も重いので，この「ぶどうパン」に α 粒子が入射するとき，電子が α 粒子を散乱させ，進路を曲げることはできません．つまり，原子による α 粒子の散乱には電子はまったく寄与しません．α 粒子が散乱されるのはプラス電荷をもつ「パンの生地」の部分によるものです．

そこで，直径が約 10^{-10} m の一様に帯電した球形の「パンの生地」の中を α 粒子が通過すると，どのくらい角度が曲がるか大ざっぱに見積もってみましょう．

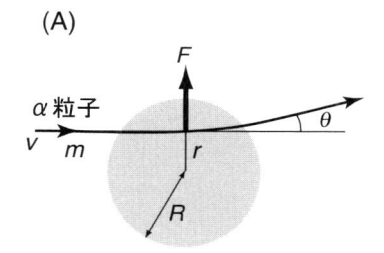

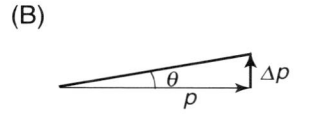

図 **2.9** トムソン模型による α 粒子の散乱角

図 2.9(A) において,半径が R の球形の影の部分が「パンの生地」であり,全体で Ze の電荷が一様に分布しているものとします.質量 M,速度 v の α 粒子が左方から入射するものとします.

電磁気学でわかっているように,Ze の電荷が半径 R の球に一様に分布している場合,球内の中心から r の距離にある電荷 q には,中心から外向きに

$$F = \frac{qZer}{4\pi\varepsilon_0 R^3}$$

の力が働きます.いま考えているのは α 粒子ですから $q = 2e$ です.つまり α 粒子には

$$F = \frac{2Ze^2 r}{4\pi\varepsilon_0 R^3}$$

の力が働きます.したがって α 粒子が原子の中を通過するあいだに働く**力の最大値**は

$$F_{\max} = \frac{2Ze^2}{4\pi\varepsilon_0 R^2}$$

となります.

α 粒子が原子の中を通過する時間 T は大ざっぱに見積もって,$T \sim R/v$ です.この時間中 α 粒子がつねに上記の最大の力 $F_{\max}$ を受けているわけではありません.受ける力は α 粒子の場所にもよります.しかし大ざっぱにいえば,粒子が球の上半分を通過する場合は,平均して上記の力 $F_{\max}$ が上向きに働くと考えてよいでしょう(下半分を通過するときは下向きです).この力を受けながら α 粒子は方向を曲げて,散乱されるわけです.

α 粒子が原子の上半分を通過するとして,そのあいだに受けとる上向きの運動量 Δp は (働いた力)×(通過する時間) です.したがって

$$\Delta p \approx F_{\max} \times T = \frac{2Ze^2}{4\pi\varepsilon_0 Rv}$$

と考えられます.一方,α 粒子の進行方向 (横方向) の運動量は $p = mv$ ですから,α 粒子が上向きに進路を曲げる角度すなわち**散乱角** θ は,図 **2.9(B)** からわかるように

$$\theta = \frac{\Delta p}{p} \approx \frac{2Ze^2}{4\pi\varepsilon_0 Rmv^2} \ [\text{ラジアン}]$$

となります.

α 粒子の運動エネルギーは $E = mv^2/2$ ですから,上の散乱角は

$$\theta = \frac{\Delta p}{p} \approx \frac{Ze^2}{4\pi\varepsilon_0 RE} \ [\text{ラジアン}]$$

2.4 トムソンの原子模型

となります.

ミクロの世界でよく使われるエネルギーの単位は**電子ボルト (eV)** です. 1 eV は 1 V(ボルト) の電位差のあいだで電子が加速されるときに得られるエネルギーで,

$$1\,\mathrm{eV} \approx 1.6 \times 10^{-19}\,\mathrm{J}$$

です. 1 eV の 10^3 倍の 1 keV, 10^6 倍の 1 MeV もよく使われます.

ラジウムなどの放射性物質からでる α 粒子の運動エネルギーは数メガ電子ボルト (MeV) です. 金をターゲットにすると $Z = 79$ ですから, 上の散乱角 θ の式においてとりあえず $Z = 80$ としましょう. また, $e = 1.6 \times 10^{-19}$ C, $R = 10^{-10}$ m, $E = 5$ MeV とすると,

$$\begin{aligned}\theta &\approx \frac{80 \times (1.6 \times 10^{-19})^2}{4\pi \times 8.85 \times 10^{-12} \times 10^{-10} \times 5 \times 1.6 \times 10^{-13}}\,[\text{ラジアン}] \\ &\approx 2 \times 10^{-4}\,[\text{ラジアン}] \\ &\approx 0.01°\end{aligned}$$

が得られます.

上の計算はずいぶん大ざっぱにやりましたが, つねに大きめになるように見積もっていますので, **トムソンの原子模型による α 粒子の散乱角はたかだか 0.01° である**, と考えてよいでしょう.

α 線の散乱の実験においてターゲットとして使われる金属はくの厚さは, だいたい 10^{-6} m の程度で, 原子の大きさが 10^{-10} m ほどですから, 金属はくの中に原子がぎっしりと並んでいるとすれば, はくの厚さの方向に約 10 000 個の原子が並んでいるはずです (図 **2.10** 参照).

これらの原子に, α 粒子がつぎつぎに衝突 (散乱) していくと, このような**多重散乱**の結果, 1 回 1 回の散乱の角度が 0.01° でも 10 000 回重なれば 100° にもなり, 大きな角度になると思われるかもしれませんが, 散乱の方向はランダムですから, 10 000 回の散乱の方向がきれいにそろうことは絶対にありえません.

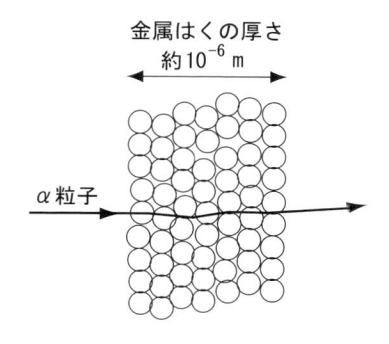

図 **2.10** 金属はくの中を通過する α 粒子

したがって, ガイガーとマースデンの実験でみられるような 90° を超えるような大きな角度の散乱は, このような多重散乱では説明できません. つまり, **トムソンの模型は成り立たない**ことになります.

2.5　ラザフォードの原子模型

前節で学んだように，トムソンのレーズンパン (ぶどうパン) 模型は，原子による α 粒子の散乱実験における大角度の散乱現象を説明することができないので，成功とはいえません．

もう一度ガイガー – マースデンの実験結果を振り返ってみましょう．ガイガー – マースデンの α 粒子散乱の実験結果をまとめてみると，

(1) 入射した α 粒子の大多数はそのまま直進し，散乱を起こさない．
(2) ごくわずかであるが，たまに $90°$ を越え $180°$ に近くなるような大角度の散乱が起きる．
(3) 散乱の大きさ (散乱の起きる確率) はターゲットの金属はくの原子量が大きいほど大きい．

となります．

ラザフォードの有核原子模型

ガイガーとマースデンの実験結果と，前節で述べたトムソン模型の不成功とを考慮して，**ラザフォード** (E. Rutherford: イギリス，1871〜1937) は，原子内のプラス電荷 $+Ze$ は原子全体に広がっているのではなく，かなり狭い範囲に局所的にかたまっていて，そのかたまりと α 粒子のプラス電荷とが**クーロン** (C. A. de Coulomb: フランス，1736〜1806) の斥力 (電気力) で反発しあって，α 粒子の大角度の散乱が起きるのではないかと考えました．そのかたまりを**原子核**といい，この**ラザフォードの原子模型**をしばしば**有核原子模型**とよぶことがあります．図 **2.12** が有核原子模型のイメージです．

図 **2.11**　ラザフォード

図 **2.12** の中心の黒い大きなかたまりが**原子核**です．**電子** (小さい点) は原子核のまわりをとり巻いて運動していると考えられました．

1903 年，長岡半太郎 (日本，1865〜1950) は **土星型原子模型**を提唱しました．原

子は中心に核をもち,そのまわりに電子が土星の輪のようにとり巻いているという考え方です.ラザフォード模型より数年前に提唱されたという点が注目されます.

ラザフォード散乱

ラザフォードは,有核原子模型によって α 粒子散乱の実験結果をうまく説明できるかどうかを検討し,**ラザフォード散乱の公式**を導き,その結果が実験データにぴったりと合うことをみつけました (1911).

ラザフォードは,原子内のすべてのプラス電荷 $+Ze$ が中心の 1 点 (原子核) に集中していると考え,入射した α 粒子がこの**点電荷**から**クーロンの反発力**を受けてはじき飛ばされて散乱すると考えるとどうなるか検討しました (図 **2.13** 参照).

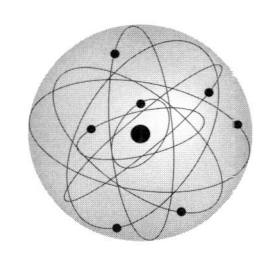

図 2.12 ラザフォードの原子模型のイメージ

このようなクーロン力による散乱をしばしば**ラザフォード散乱**とよびます.この散乱に関する詳しい定式化を下に説明しますが,少し面倒ですので,わかりにくい方は飛ばして下さい.その場合は結論だけを信用してください.

ラザフォードは,原子内のプラス電荷 $+Ze$ が原子核に集中していると考え,この**点電荷**から受ける**クーロン斥力**による α 粒子の散乱を,ニュートン力学によって解析しました (1911).

図のように α 粒子 (質量 M,電荷 $+2e$) が左遠方から衝突パラメーター b の進路へ速さ v_0 で入射し,座標原点に静止している原子核 (電荷 $+Ze$) からのクーロン斥力

$$\frac{2Ze^2}{4\pi\varepsilon_0 r^2}$$

を受けて運動するものとします.

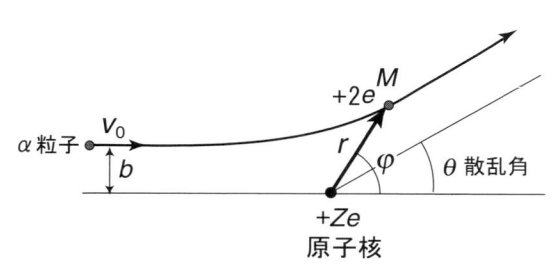

図 2.13 ラザフォード散乱における α 粒子の軌道

α 粒子の軌道

直角座標 (x,y) の代わりに極座標 (r,φ) を使います．ニュートンの運動方程式を動径成分 (r の成分) と角度成分 (φ の成分) とに分けると，

$$M\left[\frac{d^2r}{dt^2} - r\left(\frac{d\varphi}{dt}\right)^2\right] = \frac{2Ze^2}{4\pi\varepsilon_0 r^2} \tag{2.1}$$

$$M\left[2\frac{dr}{dt}\frac{d\varphi}{dt} + r\frac{d^2\varphi}{dt^2}\right] = 0 \tag{2.2}$$

となります．式 (2.2) を書き直すと，

$$M\frac{d}{dt}\left(r^2\frac{d\varphi}{dt}\right) = 0$$

が得られますから，

$$Mr^2\frac{d\varphi}{dt} = 一定 = L \tag{2.3}$$

となります．これは**角運動量保存則**にほかなりません．遠方での速さ v_0 と衝突パラメーター b を用いれば，角運動量 L は

$$L = -Mv_0 b \tag{2.4}$$

と表すことができます．式 (2.4) と式 (2.3) から

$$r^2\frac{d\varphi}{dt} = -v_0 b \tag{2.5}$$

となりますから，これを式 (2.1) に代入すれば

$$\frac{d^2r}{dt^2} - \frac{v_0^2 b^2}{r^3} = \frac{2Ze^2}{4\pi\varepsilon_0 M r^2} \tag{2.6}$$

が得られます．

微分方程式 (2.6) から，r を t の関数として解 $r(t)$ を求めることができます．その結果を式 (2.5) に代入すると φ の従う微分方程式が得られ，それを解くことによって解 $\varphi(t)$ が得られます．α 粒子の位置 (r,φ) が時刻 t の関数として得られるわけですから，α 粒子の軌道が求まるわけです．しかし，そのようなまわりくどいことをせずに，t を陽に (あらわに) ださないで，r と φ のあいだの関係式を直接求めるほうが利口です．つまり r を φ の関数とし，φ を t の関数と考えると

$$\frac{dr}{dt} = \frac{dr}{d\varphi}\frac{d\varphi}{dt} = -\frac{v_0 b}{r^2}\frac{dr}{d\varphi} \tag{2.7}$$

です．$r = 1/u$ として，r の代わりに u を考えるのが便利です．式 (2.7) から

$$\frac{d}{dt} = -v_0 b u^2 \frac{d}{d\varphi}$$

2.5 ラザフォードの原子模型

ですから,

$$\frac{d^2r}{dt^2} = \frac{d}{dt}\left(-v_0bu^2\frac{d}{d\varphi}\frac{1}{u}\right) = -v_0^2b^2u^2\frac{d^2u}{d\varphi^2}$$

となり, これを式 (2.6) に代入すると

$$\frac{d^2u}{d\varphi^2} = -\left(u + \frac{2Ze^2}{4\pi\varepsilon_0Mv_0^2b^2}\right) \tag{2.8}$$

が得られます. 微分方程式 (2.8) の右辺のかっこ内を w とおくと, 最も簡単な振動の方程式

$$\frac{d^2w}{d\varphi^2} = -w$$

となりますから, その一般解は $w = A\cos(\varphi + \alpha)$ です. したがって

$$\frac{1}{r} = A\cos(\varphi + \alpha) - \frac{2Ze^2}{4\pi\varepsilon_0Mv_0^2b^2} \tag{2.9}$$

となります.

解 (2.9) の中の定数 A と α は初期条件から決められます. 式 (2.9) の両辺を t で微分し, 式 (2.5) を使えば

$$\frac{dr}{dt} = -Av_0b\sin(\varphi + \alpha) \tag{2.10}$$

となります. 左遠方, すなわち $r = \infty$, $\varphi = \pi$ において $dr/dt = -v_0$ ですから, これらを式 (2.9), (2.10) に入れると

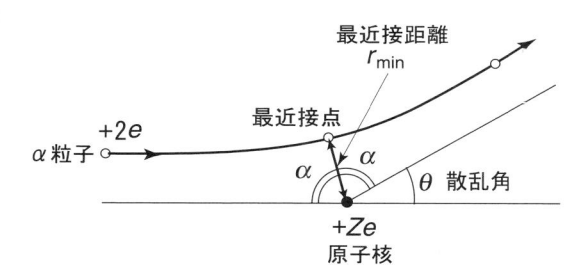

図 2.14 ラザフォード散乱における最近接距離

$$A\cos\alpha = -\frac{2Ze^2}{4\pi\varepsilon_0Mv_0^2b^2} \tag{2.11}$$

$$Ab\sin\alpha = -1 \tag{2.12}$$

となりますから,

$$\tan\alpha = \frac{4\pi\varepsilon_0Mv_0^2b}{2Ze^2} \tag{2.13}$$

となり, 定数 α はこの式から決められるわけです. その結果と式 (2.12) を用いると定数 A が求まります.

このようにして **α 粒子の軌道** (2.9) が決定されるわけです.

最近接距離

図 **2.14** のように, 左遠方 ($r = \infty, \varphi = \pi$) から入射した α 粒子が右方向に進むにしたがって角度 φ は π から減少し, $\varphi = \pi - \alpha$ のとき原子核 (原点) に最も近くなります. この点を**最近接点**といい, このときの原点からの距離 $r_{\min}$ を**最近接距離**といいます. 最近接点は, 動径方向の速さが $dr/dt = 0$ の点です.

式 (2.10) から, 最近接点は $\varphi = \pi - \alpha$ の点です. このことから軌道の式 (2.9) を使って最近接距離 $r_{\min}$ を求めることもできますが, ここでは別の方法を用いましょう.

エネルギー保存則は

$$\frac{1}{2}M\left[\left(\frac{dr}{dt}\right)^2 + r^2\left(\frac{d\varphi}{dt}\right)^2\right] + \frac{2Ze^2}{4\pi\varepsilon_0 r} = \frac{1}{2}Mv_0^2 \tag{2.14}$$

と書かれます. 左辺の第 1 項 ([$\cdots$] を含む項) が運動エネルギーですが, 最近接点で [$\cdots$] の中の第 1 項は 0, 第 2 項は式 (2.5) から $v_0^2 b^2/r_{\min}^2$ となります. したがって,

$$r_{\min}^2 - \left(\frac{4C}{Mv_0^2}\right)r_{\min} - b^2 = 0, \qquad C = \frac{Ze^2}{4\pi\varepsilon_0} \tag{2.15}$$

となり, 最近接距離 $r_{\min}$ を解くことができます. 答は

$$r_{\min} = \frac{C}{E}\left[1 + \sqrt{1 + \left(\frac{Eb}{C}\right)^2}\right], \quad C = \frac{Ze^2}{4\pi\varepsilon_0}, \quad E = \frac{1}{2}Mv_0^2 \tag{2.16}$$

です.

式 (2.16) からわかるように, 衝突パラメーターが $b = 0$ のとき, つまり正面衝突のとき, α 粒子が原子核に最も近く接近することができます. このときの最近接距離は

$$(r_{\min}\text{の最小値}) = \frac{2C}{E} = \frac{2Ze^2}{4\pi\varepsilon_0 E}, \qquad E = \frac{1}{2}Mv_0^2 \tag{2.17}$$

となります.

衝突パラメーターと散乱角の関係

次に, 衝突パラメーター b と散乱角 θ とのあいだの関係を求めましょう. いま α 粒子が角度 θ の方向に散乱されたとします. このとき式 (2.9) において $r = \infty$ とし, $\varphi = \theta$ と $\varphi = \pi$ とおいたものを比べると

$$\cos(\theta + \alpha) = \cos(\pi + \alpha)$$

が得られます. したがって, 散乱角 $\theta(\neq \pi)$ に対して $2\alpha = \pi - \theta$ となりますから,

$$\alpha = \frac{\pi}{2} - \frac{\theta}{2} \quad \text{したがって} \quad \tan\alpha = \cot\frac{\theta}{2}$$

となり, 式 (2.13) に代入すると

$$b = \frac{2Ze^2}{4\pi\varepsilon_0 M v_0^2}\cot\frac{\theta}{2} \tag{2.18}$$

が得られます.

上の式 (2.18) からある角度 θ に散乱される α 粒子が入射したさいの衝突パラメーター b が一意的にわかったわけですから, ある角度にどのくらいの割合で α 粒子が散乱されるか確率が計算できるわけです.

散乱の断面積, ラザフォードの公式

式 (2.18) で衝突パラメーター b と散乱角 θ とのあいだの関係がわかりました. 簡単のためこの関係式を

$$b = b(\theta) \tag{2.19}$$

と書いておきます. 式 (2.18) の右辺の関数を $b(\theta)$ で表しているわけです.

いま, 単位時間に単位面積あたりに入射する α 粒子の個数を N とします. 図 **2.15** のように, 衝突パラメーターが b と $b + db$ のあいだで, 角度が ϕ と $\phi + d\phi$ のあいだの小さい影をつけた扇形の面積 $b\,db\,d\phi$ に入射する α 粒子の個数 dN は $Nb\,db\,d\phi$ です. これらの α 粒子が, 式 (2.19) で関係づけられる角度 θ と $\theta + d\theta$ のあいだの球面上の影をつけた扇形の中に入るはずです. こ

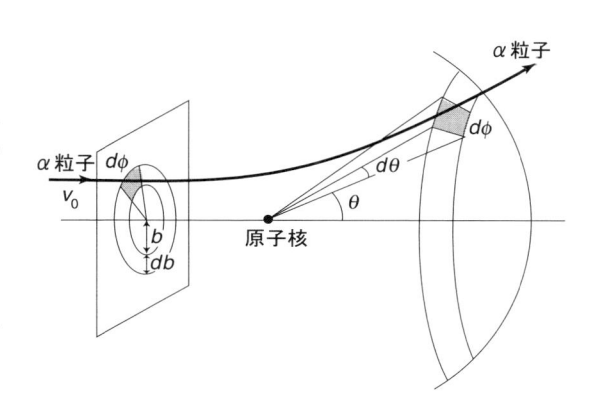

図 2.15 散乱の微分断面積

の扇形を原点 (原子核の位置) から眺めた**立体角**は $\sin\theta\,d\theta\,d\phi$ です.

単位時間に, ある角度 θ における単位立体角あたりに散乱される α 粒子の個数を $\sigma(\theta)$ とすると, 上記の dN は

$$dN = Nb\,db\,d\phi = N\sigma(\theta)\sin\theta\,d\theta\,d\phi$$

ですから、
$$\sigma(\theta) = \frac{b}{\sin\theta}\left|\frac{db}{d\theta}\right| \tag{2.20}$$
となります。式 (2.18) を θ で微分して $db/d\theta$ を計算し、式 (2.20) へ代入すると、
$$\sigma(\theta) = \left(\frac{1}{4\pi\varepsilon_0}\right)^2 \frac{Z^2 e^4}{M^2 v_0^4} \times \frac{1}{\sin^4(\theta/2)} \tag{2.21}$$
が得られます。この公式が有名な**ラザフォードの公式**です。またこの $\sigma(\theta)$ はラザフォード散乱の微分**断面積**とよばれています。

前に示した図 **2.13** のように、入射した α 粒子の進行方向がターゲットの原子核からどのくらい離れているかを示す距離 b を**衝突パラメーター**といいます。$b=0$ なら正面衝突です。b が小さいならば α 粒子の**軌道**は大きく曲がるでしょう。b が大きく α 粒子が遠くを通過するときには、α 粒子が受ける力は小さく、軌道はほとんど曲がらずにほぼ直進するでしょう。

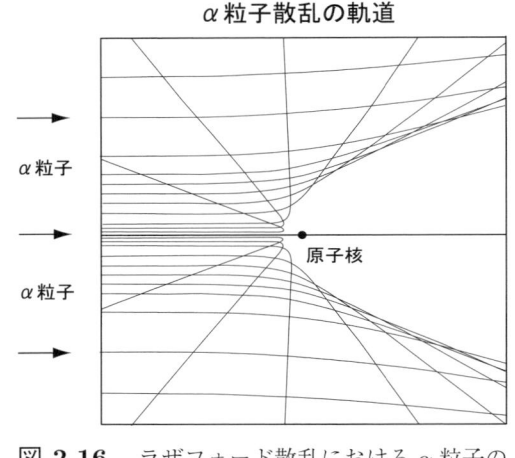

図 **2.16** ラザフォード散乱における α 粒子の軌道

つまり α 粒子の入射速度 v_0 が一定ならば、**軌道は衝突パラメーターの大きさで決まってしまいます**。このようすを表したのが 図 **2.16** です。これは上で説明したようにニュートン力学を使って α 粒子の軌道を計算した結果を図示したものです。

ラザフォード散乱の角度分布

図 **2.16** でわかるように、入射した α 粒子の進路がターゲットの原子核に近い (衝突パラメーター b が小さい) ときには軌道は大きく屈折し、後ろの方へ散乱されます。しかし b が大きく、α 粒子が遠くを通過するときには軌道はあまり大きく曲がりません。

2.5 ラザフォードの原子模型

　実際の α 線の散乱の実験においては, 左方から入射する α 粒子の数は場所によらずほぼ一定です. つまり単位面積あたり, 単位時間あたりに入射する α 粒子の個数 N は一定であると考えてさしつかえありません. N が入射 α 線の**強度**です. これらたくさんの α 粒子のうち, ある角度の方向にどのような割合で散乱されるかという散乱の割合を**角度分布**といいます. 厳密にいえば, ある角度 θ の方向の単位立体角の中に単位時間内に散乱される α 粒子の個数を入射 α 線の強度 N で割り算した割合を**散乱の断面積**といい, 角度 θ の関数 $\sigma(\theta)$ と表して**角度分布**とよびます.

　ラザフォード散乱の角度分布 (散乱の断面積) $\sigma(\theta)$ は, 1911 年ラザフォードによりニュートン力学に基づいて求められました. 結果は前に示したように式 (2.21) です. この角度分布が実験結果ときわめてよく一致することが示され, **ラザフォードの有核原子模型の正当性**が実証されました.

　前に述べたように, ラザフォードは角度分布 (散乱断面積) の公式をニュートン力学に基づいて導きました. ニュートン力学は**古典力学**ともよばれ, 原子や原子核のようなミクロの世界では必ずしも正しいとはいえないことがあとでわかりました. ミクロの世界を正しく記述する理論は**量子力学**であることが, 10 数年あとに明らかになりました.

　しかしながら幸いにして, ラザフォード散乱を量子力学に基づいて解析しても ラザフォードが求めたものとまったく同じ結果が得られることがあとでわかりました. 「ああ, よかった！」

原子核の電荷の大きさ

　上の式で示したラザフォード散乱の角度分布 $\sigma(\theta)$ は大成功でした. 角度依存性だけではありません. 副産物がありました.

　式 (2.21) でわかるように, 角度分布 $\sigma(\theta)$ は因子 Z^2 を含んでいるので, 角度依存性だけでなく, 散乱の確率を精密に測定すると Z の値がわかります.

　Z の値は原子の中で原子核の周囲をとり巻く電子の個数です. それまでは Z は原子量の約半分という少々あいまいな値しかわかっていませんでしたが, ラザフォード散乱によって Z の値が精密にわかれば, **原子核の電荷の大きさ**が精密にわかり, ひいては原子の中の電子の個数が精密にわかるわけです.

その結果, Z は**原子番号**に等しいことがわかりました.

2.6 原子核とは何か

前節で説明したように, **ラザフォードの原子模型の成功**によって, 原子はプラス電気をもった**原子核**と, そのまわりをとり巻いて運動する**電子**とで構成されているということが明らかになってきました.

原子には Z 個の電子が含まれ, これらは全部で $-Ze$ の電荷をもっています. 原子核には, 電子のマイナス電気を打ち消す $+Ze$ の電荷が集中していると考えられます.

これまでの節で詳しく説明したように, 原子全体の質量に比べて, 電子の質量は桁違いに小さいことがわかっています. したがって, 原子核が原子全体の質量のほとんどすべてをになっていると考えられます.

それでは, **原子核は何から, どのように構成されている**のでしょうか.

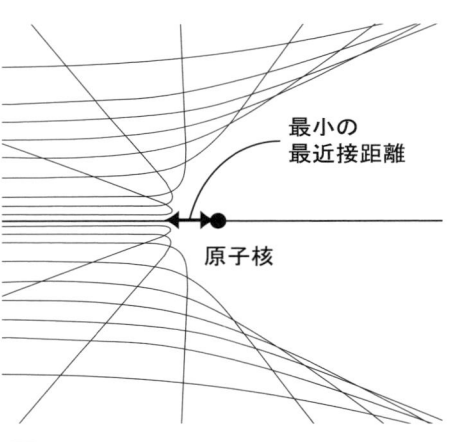

図 **2.17** ラザフォード散乱における α 粒子の軌道と最小の最近接距離. この図は図 2.16 の中心部分を少し拡大したものです.

原子核の大きさ

ラザフォード散乱の角度分布の公式は, 原子核の $+Ze$ の電荷が 1 点に集中した**点電荷**であるという仮定のもとに導かれました. しかし, 電荷の分布が多少広がっていても, 前節で説明した最小の**最近接距離**以下であれば, ラザフォードの公式は成り立つはずです. したがって, 実験データがラザフォードの公式によく合致していれば, そのときの原子核の大きさ (半径) は最小の

最近接距離よりも小さいと判断されます.

もう一度ラザフォード散乱の軌道を眺めてみましょう (図 **2.17** 参照). 中心部の**矢印**で示した距離が最小の**最近接距離**です.

薄い銅はくにラジウムからの α 線を当てたときの散乱の実験においては, 散乱角 θ が $180°$ 近くまで, ラザフォードの公式が実験結果によく合っていました. このときの α 粒子のエネルギーは $E = 5.3\,\mathrm{MeV}$ です. 銅は $Z = 29$ です. α 粒子が原子核に正面衝突する場合に原子核に最も近づきます. そのときの**最近接距離**は

$$(r_{\min}\text{の最小値}) = \frac{2Ze^2}{4\pi\varepsilon_0 E}$$

$$= \frac{2 \times 29 \times (1.6 \times 10^{-19})^2}{4\pi\varepsilon_0 \times 5.3 \times 1.6 \times 10^{-13}} \approx 1.58 \times 10^{-14}\,\mathrm{m}$$

となります. この結果, 銅の**原子核の大きさは $1.6 \times 10^{-14}\,\mathrm{m}$ より小さい**, と考えられます. 原子の大きさが約 $10^{-10}\,\mathrm{m}$ であることと比べると, 原子核の大きさは**約 $1/5000$ 以下**です. 原子核がいかに小さいかがわかります.

原子核の人工変換, 陽子

1919 年, ラザフォードは**窒素**を**酸素に人工的に変換**することに成功しました.

原子による α 線の散乱実験の一環として, 図 **2.18** のように窒素ガスの中に放射性物質をおき蛍光物質上のシンチレーション (発光) を調べたところ, ときどき α 粒子とは考えられない方向に非常に明るい発光を観測しました.

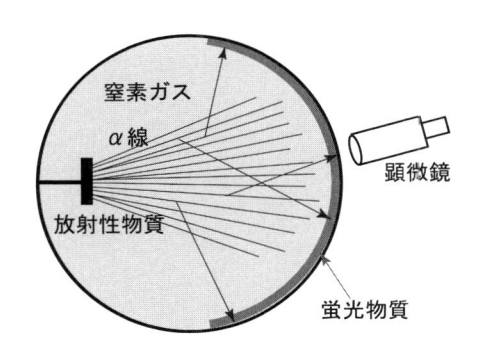

図 **2.18** ラザフォードによる原子核の人工変換

その後, 同様な現象はホウ素, フッ素, ネオン, ナトリウム, リン, 硫黄, アルゴン, などなど数多くの元素でみつかりました. これは, 高速の α 粒子がこれらの原子の原子核に衝突して, 何か「不明の」高エネルギーの荷電粒子

が飛びだすと考えられました.

この現象を**ウィルソンの霧箱**(きりばこ)で写真に撮影することにも成功しました. 霧箱を磁場中におくなどして精密に解析した結果, この「不明の」粒子は**水素イオン**と同じ物であることがわかりました. 水素原子は原子核と1個の電子からできていますから, 水素原子から電子が1個はぎとられた水素イオンは, **水素の原子核**, すなわち**陽子** (proton) です.

このラザフォードの実験は,

(窒素の原子核) + (ヘリウムの原子核) ⟶ (酸素の原子核) + 陽子

という**人工原子核変換**を行ったことを意味します. つまり, 窒素の元素を酸素の元素に人工的に変換したことになります.

ウィルソンの霧箱

上にでてきたウィルソンの霧箱(きりばこ)について説明しておきましょう.

原子物理学, 原子核物理学などにおいて, 粒子の**飛跡**を検出する最も基礎的な装置です. その基礎原理は 1897 年に**ウィルソン** (C. T. R. Wilson: イギリス, 1869 〜 1959) によって発見されました. 実用装置は 1911 年になってできました. 図 **2.19** は霧箱の断面図です.

霧箱は, 上部がガラス, 側部にガラス窓のついた直径, 数センチメートルの容器で, 下部に可動ピストンがつけてあります. 容器中に水蒸気を飽和させたきれいな空気が入っています. ピストンをすばやく引くと, 容器の体積が膨張し, 内部の温度が下がり, 水蒸気が**過飽和**状態になります. この中に荷電粒子が飛び込んでイオンがつくられると, そのイオンに沿って水滴が凝結して**飛跡**がみえ, 写真に撮ることもできます. 飛跡をみえやすくするために側面から適当な光を当てることもあります.

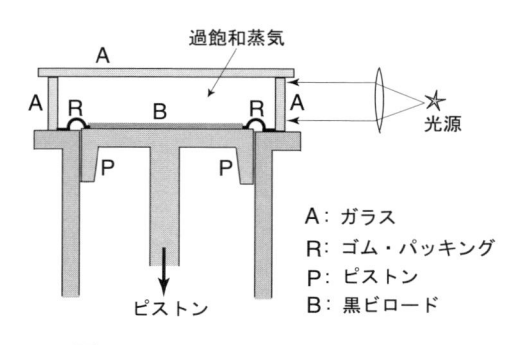

A: ガラス
R: ゴム・パッキング
P: ピストン
B: 黒ビロード

図 **2.19** ウィルソンの霧箱の原理

霧箱を磁場の中におくと, 荷電粒子の軌道が曲げられるので, その曲率半径などを

測定して粒子に関する情報を得ることができます．

ウィルソンの霧箱は，現在では**泡箱**や**放電箱**にとって代わられて教育目的以外にはあまり使われなくなりましたが，歴史的にはたいへん重要な役割を果たしました．

原子核の構成要素

このようにして**陽子**が原子核の構成要素の一つであることがわかりました．しかし原子核が陽子だけでできているかどうかはわかりません．たとえば前に議論したように，ヘリウムの原子核は α 粒子です．その質量は水素イオン（陽子）の約 4 倍ですが，電荷は 2 倍の $+2e$ です．ヘリウムの原子核（α 粒子）は 4 個の陽子と 2 個の電子が集まってできていると考えると一見よさそうです．このように，初期の頃は原子核は陽子と電子で構成されていると考えられましたが，これでは矛盾が起きることが明らかになりました．

原子核の構成要素が明らかになるのは，1932 年の**チャドウィック**（J. Chadwick: イギリス，1891〜1974）による**中性子**の発見を待たなければなりませんでした．

2.7 第 2 章のまとめ

本章で学んだことをまとめておきましょう．

(1) 放射能の発見と，放射性元素の崩壊の発見により，原子は永久に不変ではなく，内部構造をもち，変化しうる物であることがわかりました．
(2) 原子は中心に重い**原子核**があり，そのまわりを軽い**電子**がとり巻いている，という構造をもっています．
(3) 原子核の大きさはきわめて小さく，約 10^{-14} m またはそれ以下です．
(4) 原子核も内部構造をもち，変化しうる物であり，その構成要素の一つが**陽子**です．

ラザフォードの原子模型の問題点

太陽系においては,太陽のまわりを惑星が回転運動をしています.同様に,ラザフォードの有核原子模型においては,原子核のまわりを電子が回転運動をしていると考えられます.

太陽と惑星を結びつけているのは万有引力です.一方,**原子核**と**電子**を結びつけているのは**クーロン力**です.このとき,原子核が電子を引っぱる**クーロン力**と電子の回転運動による**遠心力**とがつり合って安定な原子をつくっていると素朴に考えたくなりますが,この考えには重大な**問題点**があります.

1個の電子が1個の陽子のまわりを回転運動していると考えられる**水素原子**の場合を例にとって説明しましょう.

(A) 遠心力とクーロン力のつり合いは

$$\frac{mv^2}{r} = \frac{e^2}{4\pi\varepsilon_0 r^2}$$

と書かれます.左辺が遠心力,右辺がクーロン力の大きさです.r は電子の回転の半径(水素原子の半径),v は電子の速さ,m は電子の質量です.この式を書き直すと

$$rv^2 = \frac{e^2}{4\pi\varepsilon_0 m} = 定数$$

となります.したがって,このつり合いの式だけをみると,水素原子の半径は電子の速さの2乗に反比例し,速さが変われば半径が変化します.つまり,電子の速さによって原子は任意の大きさをもつことができます.ところが実際の水素原子の大きさはつねに一定です.

(B) 電磁気学によれば加速度をもって運動する荷電粒子は電磁波を放射し,エネルギーを失います.電子がエネルギーを失えば,速さ v が小さくなり,上のつり合いの式が成り立たなくなって,電子はらせんを描きながら原子核に落ち込んでいき,原子はつぶれてしまいます.ところが実際の水素原子はとても安定で,つぶれることはありません.

以上のような問題点を解決しなければミクロの世界の本当の姿はみえてきません.

演習問題

2-1 5 MeV の α 粒子のビームが，1 cm 離れた長さ 10 cm の平行金属板のあいだを通過するものとする．α 粒子のビームを平行金属板の端から 50 cm 離れたスクリーン上で，中心点から 1 cm 屈曲させるためには，2 枚の平行金属板のあいだに何 V の電圧をかければよいか．

2-2 エネルギーが 5 MeV の α 粒子ビームの金 ($Z = 79$) ぱくによる散乱において，最小の最近接距離はいくらか．

2-3 銅 ($Z = 29$) はくによる α 粒子の 90° 方向の散乱の実験結果は，入射 α 粒子のエネルギーが低いときはラザフォードの散乱の公式によく一致しているが，17.5 MeV 以上になると，ずれが生じる．このエネルギーより高いエネルギーに対しては最近接距離が原子核の半径より小さくなるものと考えられる．このことから銅の原子核の半径を推定せよ．また，この結果と，銅の原子の半径とを比較せよ．

2-4 エネルギーが 1 MeV の α 粒子ビームを金ぱくのターゲットに垂直に衝突させるものとする．ビームの断面の直径は 0.5 cm，ビームの電流を 1 μA とする．ターゲットから 20 cm 離れ，入射ビームに対して 60° の角度にターゲットの方向を向いて，直径 2 cm の円形の窓をもつ検出器をおく．
(1) 1 秒あたり何個の α 粒子が入射することになるか．
(2) ターゲットからみて検出器の窓の立体角はいくらか．
(3) 検出器の窓へ散乱される α 粒子の散乱の断面積 $\sigma(60°)$ はいくらか，ラザフォードの公式から求めよ．
(4) ターゲットの金ぱくの面密度を 10 g/m² として，検出器の窓に 1 秒間に散乱されてくる α 粒子の個数を求めよ．

第3章　光の粒子の発見

19世紀までに確立した物理学の最も基本的な法則は**ニュートン力学**と**マクスウェルの電磁気学**でした．これらをまとめて**古典論**といいます．19世紀の終わりから20世紀の初頭にかけて，古典論では説明できないミクロの世界の疑問点がつぎつぎに明らかになり，古典論がゆき詰まってきました．このゆき詰まりはどのように打開されたのでしょう．

3.1　熱とは何か

物体を熱すると温度が高くなり，温度の高い物体と低い物体とを接触させておくと，高いほうから低いほうへ**熱**が移動して双方の温度が等しくなるということは誰でも知っています．このとき移動した熱とは何でしょう．

いまではこの**熱の伝達**が**エネルギーの移動**であるということはよく知られています．つまり**熱**はエネルギーの1形態です．このことはどのようにして説明できるのでしょう．この問題こそ**ミクロの世界**と**マクロの世界**を結びつける鍵だったのです．

フロギストン説，カロリック説

19世紀の初めまで，物体の燃焼は目にみえない，しかもマイナスの質量をもつ**フロギストン** (燃素) というものを仮定して説明されていました．これによると，物が燃えるのはその中に含まれていたフロギストンを失う過程であると説明されていました．たとえば，水銀のような物質は，燃えると重くなるのでフロギストンはマイナスの質量をもつと考えられたわけです．また，熱の伝達は，重さがゼロの目に見えない**カロリック** (熱素) という流体が

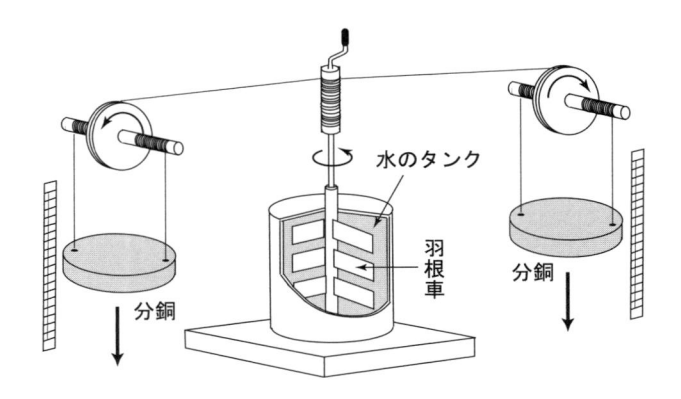

図 3.1 熱と力学的エネルギーの同等性を確かめたジュールの実験装置．分銅が下がってタンクの水中の羽根車を回します．分銅の位置エネルギーは羽根車の回転の運動エネルギーとなり，そのエネルギーをもらった水は温められて温度が上がります．

移動する現象であると説明されていました．

ラボワジェは精密な定量的化学実験を行って，物が**燃焼**するのは物質と物質とが化合する過程であるということを確かめ，**フロギストン説**を否定しました．

熱の本性

ジュール (J. P. Joule: イギリス，1818～89) は図 **3.1** のような実験装置を用いて熱がエネルギーと同等であることを確かめ，熱と力学的エネルギーとのあいだの関係，すなわち**熱の仕事当量**を測定しました (1845)．

熱量を測る単位は cal (カロリー) です．1 気圧で 1 g の水の温度を 14.5 °C から 15.5 °C まで 1 °C (1K) 上げるのに必要な熱量が 1 cal です．現在では，精密な測定の結果，

$$1 \text{ cal} = 4.1855 \text{ J}$$

であることがわかっています．

統計力学

第1章で学んだように,物質は多数の分子や原子が集まってできていることが明らかになりました.最初は,これらの分子や原子は古典論の法則,すなわちニュートン力学とマクスウェルの電磁気学に従って運動していると考えられました.**ミクロの世界**の分子や原子の運動を目でみることはできませんが,物質を構成する分子や原子の個数が非常に多いので,ある種の**統計的平均値**を求めることによって,分子や原子の運動を**圧力**とか**温度**とかいった**マクロの世界**の物理量に関連づけることが可能です.

たとえば,気体の圧力は気体分子が容器の壁に衝突して壁に及ぼす力の平均値です.また温度は多数の分子のエネルギーの平均値です.

このように,個々の分子や原子の**自由度**から,マクロの世界のいろいろな法則を説明しようとする理論が**マクスウェル** (J. C. Maxwell: イギリス, 1831〜79) や**ボルツマン** (L. Boltzmann: ドイツ, 1844〜1906) によって発展させられた古典**統計力学**です.次節でその考え方を説明しましょう.

3.2 分子の運動と比熱

1gの物質の温度を $1°C$ (1K) 上げるのに必要な熱量を**比熱**といいます.たとえば,水1gの温度を $1°C$ (1K) 上げるのに必要な熱量は 1 cal ですから,水の比熱は 1 cal /(g·K) = 4.186 J/(g·K) です.

比熱というマクロの世界の物理量を,ミクロの世界の分子や原子の自由度から導くことができれば,すばらしいことです.これを以下で説明しましょう.その準備のため**エネルギー等分配の法則**について勉強しましょう.

エネルギー等分配の法則

1.4節で「分子の運動」について学んだとき,気体分子の速さの推定をしました.そのとき図 **3.2(A)** のように立方体の容器の中に気体を入れ,気体の分子が x 軸方向に平均の速さ v_x で運動しているとして容器の壁面に衝突

して壁面 A に加わる圧力を計算しました．その結果，

$$(\text{気体の圧力}) \times (\text{気体の体積}) = (\text{気体の全質量}) \times v_x^2$$

という関係式が得られました．いま 1 mol の気体を考え，気体分子 1 個の質量を m として，有名な **ボイル − シャルルの法則**

$$(\text{気体の圧力}) \times (\text{気体の体積}) = R (\text{気体の絶対温度})$$
$$R = \text{気体定数} = 8.314510 \, \text{J/(mol·K)}$$

と上の関係式とを比べると，(1 mol の気体の質量) $= mN_A$ (N_A はアボガドロ定数) ですから，

$$\frac{1}{2}mv_x^2 = \frac{1}{2}kT, \qquad k = \frac{R}{N_A} = 1.380658 \times 10^{-23} \, \text{J/K}$$

が得られます．定数 k は**ボルツマン定数**とよばれる普遍定数です．

上の式の左辺の $mv_x^2/2$ は分子 1 個の運動エネルギーです．つまり，温度 T の気体の中の 1 個の分子の平均の運動エネルギーは $kT/2$ であることを意味します．

ただし，上の議論では分子の運動は x 軸方向のみであると考えていますが，実際には分子は図 **3.2(B)** のように y 軸や z 軸方向の速度の成分ももっていますから，それらも考えなければなりません．どの方向を考えても，同様な結果が得られます．したがって，分子の**平均の速度**の x, y, z 成分をそれぞれ v_x, v_y, v_z とすると，分子 1 個の**平均のエネルギー** ε は

$$\varepsilon = \frac{1}{2}m(v_x^2 + v_y^2 + v_z^2) = \left(\frac{1}{2}kT\right) \times 3$$

となります．この結果は，分子の運動の x, y, z の**自由度**が，平等に，等しいエネルギー

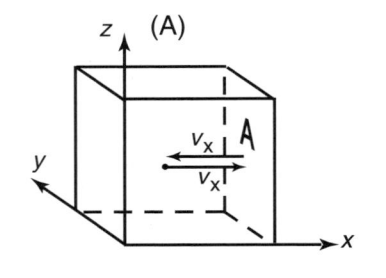

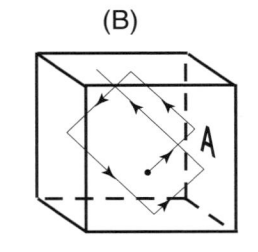

図 **3.2**　箱の中の分子の運動

$kT/2$ をになっているということを意味します．これを**エネルギー等分配の法則**といいます．

このエネルギー等分配の法則は**統計力学**の理論を用いると，さらに一般化され，**すべての力学的な自由度に平等に運動エネルギー $kT/2$ が分配される**という定理が証明されます．以下でその説明をしますが，少し複雑な数式がでてきますので，難しい方は読み飛ばしてください．

エネルギー等分配則の一般化

ボルツマン分布

ある空間 V の中に，アボガドロ定数にもなるような非常に多数の (N 個の) 分子があり (図 **3.3** 参照)，それぞれの分子はニュートン力学に従って運動しているものとします．このような系を**多粒子系**とか**多体系**といいます．分子は x, y, z の 3 方向に運動することができるので，1 個の分子の**自由度**は 3 です．分子は全部で N 個あるので，**全自由度** f は $f = 3N$ です．これらの f の自由度に $i = 1, 2, \cdots, f$ と通し番号をつけておきます．

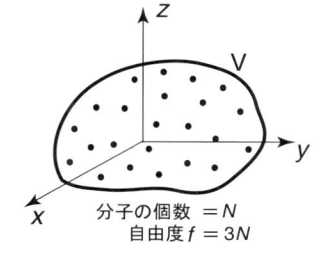

図 **3.3** 空間 V の中に N 個の分子があるものとする．

一般に，質量 m の質点の運動は，その質点の位置 (x, y, z) と速度 (v_x, v_y, v_z) が時間とともにどのように変化するかということで決まります．別のいい方をすれば，質点の運動状態は，**位置を示す座標** $(q_x, q_y, q_z) = (x, y, z)$ と**運動量** $(p_x, p_y, p_z) = (mv_x, mv_y, mv_z)$ とで表されます．

いま考えている自由度 f の多体系において，第 i 番目の自由度の位置座標を q_i，運動量を p_i としましょう．この多体系の力学的な状態は $2f$ 個の変数

$$q_1, q_2, \cdots, q_f,\ p_1, p_2, \cdots, p_f$$

で記述され，系全体の**エネルギー** E はこれらの関数 $E(q_1 q_2 \cdots q_f, p_1 p_2 \cdots p_f)$ で表されるでしょう．

この多体系が外部の**熱源** (熱浴ともよびます) と熱をやりとりすると，系の中の分子は非常に複雑な運動をするものと思われます．すべての分子の運動は，原理的にはニュートン力学によって記述されるはずですが，なにぶん自由度が大きくすべてを

時々刻々詳細に求めることは不可能です．しかし，時間的にたえず変化している運動量や位置座標がとる**確率**を求めることはできます．

分子の運動の経過をたどるうちに，第 1 の座標が q_1 と $q_1 + \delta q_1$ のあいだのある値をとり，第 2 の座標が q_2 と $q_2 + \delta q_2$ のあいだのある値をとり，$\cdots$，第 f の座標が q_f と $q_f + \delta q_f$ のあいだのある値をとり，さらに，第 1 の運動量が p_1 と $p_1 + \delta p_1$ のあいだのある値をとり，第 2 の運動量が p_2 と $p_2 + \delta p_2$ のあいだのある値をとり，$\cdots$，第 f の運動量が p_f と $p_f + \delta p_f$ のあいだのある値をとることの**確率**は

$$\begin{aligned}&P(q_1, q_2, \cdots, q_f, p_1, p_2, \cdots, p_f)\,\delta q_1 \delta q_2 \cdots \delta q_f \delta p_1 \delta p_2 \cdots \delta p_f \\ &= \mathcal{N} \exp\left\{-\frac{1}{kT} E(q_1 q_2 \cdots q_f, p_1 p_2 \cdots p_f)\right\} \delta q_1 \delta q_2 \cdots \delta q_f \delta p_1 \delta p_2 \cdots \delta p_f\end{aligned} \tag{3.1}$$

と表されることが，確率統計論で証明できます (証明はここでは省略します．興味のある方は統計力学の書物をご覧下さい)．式 (3.1) は確率を表していますから，これらをすべての変数 $q_i, p_i (i = 1, 2, \cdots, f)$ に関して積分すれば**全確率**となります．全確率は 1 (=100 %) でなければなりません．したがって，式 (3.1) における因子 $\mathcal{N}$ は，

$$\mathcal{N} = \left[\iint \cdots \int \exp\left\{-\frac{1}{kT} E(q_1 \cdots q_f, p_1 \cdots p_f)\right\} dq_1 \cdots dq_f dp_1 \cdots dp_f\right]^{-1} \tag{3.2}$$

となります．式 (3.1) の確率分布は**ボルツマン分布**とか**マクスウェル – ボルツマン分布**とよばれ，**統計力学の基本定理**です．なお，定数 k は**ボルツマン定数**とよばれる普遍定数で，

$$k = 1.380658 \times 10^{-23}\,\text{J/K} \tag{3.3}$$

です．

一般化されたエネルギー等分配の法則

上記のボルツマン分布を用いると，かなり一般的に**エネルギー等分配の法則**を導くことができます．

全エネルギー E は運動エネルギー T とポテンシャルエネルギー V との和であり，$E = T + V$ です．運動エネルギー T はすべての自由度 $i = 1, 2, \cdots, f$ に関する運動エネルギーの和になっています．そして，多くの場合，各自由度の運動エネルギーは運動量の 2 乗に比例します．すなわち

$$T = C_1 p_1^2 + C_2 p_2^2 + \cdots + C_f p_f^2 = \sum_{i=1}^{f} C_i p_i^2 \tag{3.4}$$

の形です．一方，ポテンシャルエネルギー V は位置座標 $q_1, q_2, \cdots, q_f$ だけの関数で，$V(q_1, q_2, \cdots, q_f)$ と表されます．

さて i 番目の運動エネルギー $C_i p_i^2$ の統計的**平均値** $\langle C_i p_i^2 \rangle$ を求めましょう．$\langle \cdots \rangle$ は平均値の意味です．ボルツマン分布則を使えば，$\langle C_i p_i^2 \rangle$ は

$$\langle C_i p_i^2 \rangle = \mathcal{N} \iint \cdots \int C_i p_i^2 \exp\left\{-\frac{1}{kT}\left(\sum_{i=1}^{f} C_i p_i^2 + V\right)\right\} dq_1 \cdots dq_f dp_1 \cdots dp_f \tag{3.5}$$

と書かれます．p_i に関する積分は

$$\int_{-\infty}^{\infty} C_i p_i^2 \exp\left\{-\frac{1}{kT} C_i p_i^2\right\} dp_i = \frac{kT}{2} \int_{-\infty}^{\infty} \exp\left\{-\frac{1}{kT} C_i p_i^2\right\} dp_i$$

となりますから，これを式 (3.5) に代入すると

$$\langle C_i p_i^2 \rangle = \mathcal{N} \frac{kT}{2} \iint \cdots \int \exp\left\{-\frac{1}{kT}\left(\sum_{i=1}^{f} C_i p_i^2 + V\right)\right\} dq_1 \cdots dq_f dp_1 \cdots dp_f$$

となり，$\mathcal{N}$ は式 (3.2) ですから，結果は

$$\langle C_i p_i^2 \rangle = \frac{kT}{2} \tag{3.6}$$

となります．これは i 番目の運動エネルギーとして $kT/2$ だけのエネルギーが分配されることを意味しますので，まさに**エネルギー等分配の法則**にほかなりません．

1 原子分子理想気体の場合

1 mol の理想気体を考えます．理想気体では分子間の相互作用はないものと考え，$E = T$ です．全自由度は $f = 3N_A$ (N_A はアボガドロ定数) ですから，上のエネルギー等分配の法則から，系の全エネルギーの平均値 $\langle E \rangle$ は，

$$\langle E \rangle = \frac{3}{2} N_A kT = \frac{3}{2} RT$$

となります．したがって，モル比熱は

$$(\text{モル比熱}) = \frac{\langle E \rangle}{T} = \frac{3}{2} R = 2.98 \,\text{cal}/(\text{mol} \cdot \text{K})$$

となります．

バネの振動

いま多体系の質点の代わりにバネの振動 (**調和振動子**) を考えます．つまり，調和振動子が多数 (f 個) 集まった系を考えるわけです．1 個の調和振動子のエネルギーは

運動エネルギーとバネのポテンシャルエネルギーの和であり, i 番目の調和振動子のエネルギーは

$$E_i = \frac{1}{2m}p_i^2 + \frac{1}{2}m\omega^2 q_i^2$$

と書かれます. したがって, この場合は運動エネルギーとポテンシャルエネルギーの両方の平均値を求めなければなりませんが, 式 (3.5) や 式 (3.6) の計算とまったく同じです. 結果は

$$\left\langle \frac{1}{2m}p_i^2 \right\rangle = \frac{kT}{2}, \qquad \left\langle \frac{1}{2}m\omega^2 q_i^2 \right\rangle = \frac{kT}{2}$$

となりますから, 運動エネルギーとポテンシャルエネルギーの両方に同じ $kT/2$ だけのエネルギーが分配され, その結果一つのバネ (調和振動子) に kT のエネルギーが分配されることになります. すなわち

$$\langle E_i \rangle = kT \qquad (i = 1, 2, \cdots, f) \tag{3.7}$$

がこの場合のエネルギー等分配の法則です.

気体の比熱

1 mol の理想気体を考えましょう. 理想気体とは, その気体を構成している分子のあいだに働く力が完全に無視できるような気体のことです. 1 mol の中にはアボガドロ定数 N_A だけの個数の分子が含まれています.

希ガスのような **1 原子分子**の気体の場合には, 一つの分子の自由度は x, y, z の 3 です. したがって, 1 mol の 1 原子分子気体の**全自由度は** $3N_A$ です.

水素や酸素などのような通常の **2 原子分子**の気体の場合には, 図 **3.4** に示すように, 分子の重心が x, y, z の三つの軸方向に動く自由度のほかに重心のまわりに回転する θ, ϕ の二つの自由度があるので, 一つの分子の自由度は合計 5 と考えられます. したがって, 1 mol の 2 原子分子気体の**全自由度は** $5N_A$ です.

これらの $3N_A$, または $5N_A$ 個の全自由度に, **エネルギー等分配の法則**によって $kT/2$ の運動エネルギーが等分配されると, 全エネ

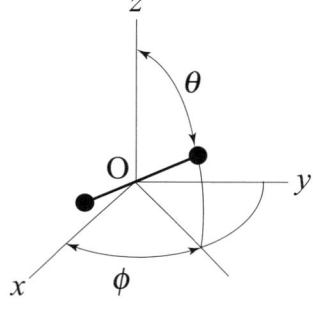

図 **3.4** 2 原子分子の自由度

ギーは

$$E = \begin{cases} \dfrac{3}{2}N_A kT = \dfrac{3}{2}RT & \text{(1 原子分子)} \\ \dfrac{5}{2}N_A kT = \dfrac{5}{2}RT & \text{(2 原子分子)} \end{cases}$$

となります.したがって,これらの理想気体の 1 mol あたりの比熱 (**モル比熱**) は

$$(モル比熱) = \begin{cases} \dfrac{3}{2}R = 2.98\,\text{cal/(mol·K)} & \text{(1 原子分子の場合)} \\ \dfrac{5}{2}R = 4.97\,\text{cal/(mol·K)} & \text{(2 原子分子の場合)} \end{cases}$$

となります.

表 3.1　気体の比熱の実験値

気体	記号		定積モル比熱 [cal/(mol·K)]
ヘリウム	He	(1 原子分子)	3.02
アルゴン	Ar	(1 原子分子)	2.99
水素	H_2	(2 原子分子)	4.80
窒素	N_2	(2 原子分子)	4.86
酸素	O_2	(2 原子分子)	4.98
一酸化炭素	CO	(化合物)	4.94
水蒸気	H_2O	(化合物)	6.56
炭酸ガス	CO_2	(化合物)	6.72
メタン	CH_4	(化合物)	6.46

＊ ヘリウムは 18 °C,水は 100 °C,その他は 15 °C,1 気圧で測定.

この結果を実験値と比較したものが**表 3.1** です.理論値が実験値をよく再現しています.いいかえれば,エネルギー等分配則が結構よく成り立っているようです.なお,一酸化炭素の分子は構造が 2 原子分子に似ているので,比熱がほとんど同じですが,炭酸ガスや水蒸気やメタンは分子の構造が少し複雑になるので,比熱が異なってくるようです.

固体の比熱

固体では分子間が割合強く結合しているため,気体や液体のように分子が自由に運動することができません.したがって気体のときと同じように分子の運動の**自由度**を勘定することができません.

固体では,**図 3.5** に描かれているように,分子どうしがバネでつながっていて,平衡な位置のまわりで**微小振動**をしていると考えることができるでしょう.つまり分子の数だけのバネの集合と同じ運動を考えるわけです.一つの分子には x, y, z の三つの運動があるので,1 mol の中には $3N_A$ 個のバネがあることになります.

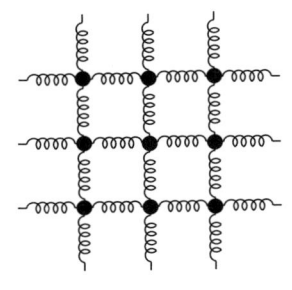

図 3.5 固体はバネの集まり

エネルギー等分配則の一般化の項で述べたように,一つのバネには kT のエネルギーが等分配されます(式 (3.7) 参照).したがって,1 mol の固体の全エネルギーは

$$E = 3N_A kT = 3RT$$

となるから,**固体のモル比熱**は

$$(\text{モル比熱}) = 3R = 5.96 \,\text{cal}/(\text{mol} \cdot \text{K})$$

となります.この結果は,1819 年に実験的に発見された**デュロン – プティの法則**にほかなりません.下の**表 3.2** に実際のモル比熱の測定値をあげておきます.

表 3.2 固体の比熱の実験値 (25 °C)

	記号	モル比熱 [cal/(mol・K)]
アルミニウム	Al	5.80
鉄	Fe	6.04
金	Au	6.04
銅	Cu	5.84

比熱の問題点

上に述べたように,**エネルギー等分配則**によって,比熱は分子の運動からうまく説明ができるようにみえます.たしかに測定温度が高いときには問題がないようです.しかし温度が低くなると,ボロがでてきます.たとえば,図 **3.6** に亜鉛のモル比熱の実験値が示されていますが,温度が低くなると比熱がどんどん小さくなって,0K に近くなると,限りなく 0 に近づきます.どのような固体でも,みんな同様な性質を示します.これは古典論ではうまく説明のつかない問題点でした.

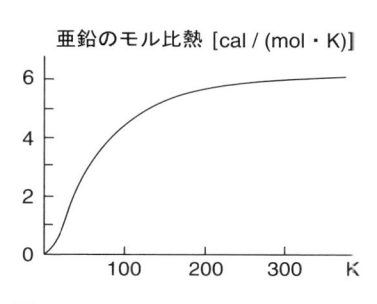

図 3.6 亜鉛のモル比熱の実験値

3.3 真空の比熱

前節で物体の比熱について学びました.ここでは**真空の比熱**について検討しましょう.

まったく物質の存在しない**真空**の比熱とは変な考え方のように思われるかもしれません.物が存在しない真空に温度やエネルギーがあるのでしょうか.あります.それは**放射**というエネルギーです.

図 3.7 電熱器 (ストーブ) からの熱放射

赤く熱せられた電気ストーブからは,熱 (主として赤外線) が放射され,これに当たった人体などが温かくなります.これを**熱放射**とよびます (図 **3.7** 参照).熱放射は空気を伝わって熱が伝導するのではなく,あいだに何もなくても,あいだが真空であっても熱が伝わります.つまり真空中でも**放射**,すなわち**光**や**電磁波**というかたちのエネルギーが存在するのです.

したがって,真空といえどもエネルギーを含むことができるので,**真空の温度**さえ決めることができれば,**真空の比熱**を測ることが可能です.それで

は真空の温度はどのように考えればよいのでしょう.

空洞放射

温度 T の**熱溜** (熱浴ともいいます) の中に物体を入れると, 物体の温度が T より低ければ, 物体は熱溜から熱を吸収し, 高ければ放出して, しばらく時間がたつと, 物体は熱溜と同じ温度 T になって**平衡状態** (熱的つり合い状態) になります. 平衡状態を細かくみると, 物体はつねに熱を放出・吸収していますが, 平均的には放出する熱量と吸収する熱量とが等しく, バランスがとれている状態です.

熱溜の中に物体を入れる代わりに, **真空**を入れることを考えましょう. たとえば, 大きな鉄のかたまりの中に, 真空の**空洞**をつくれば, 鉄のかたまりが熱溜となりその中の空洞 (真空) 内には, **放射** (光) というエネルギーが満ちるわけです (図 **3.8** 参照). 平衡状態では空洞 (真空) 内の温度は空洞の壁の温度に等しいと考えられます. このような空洞内の放射を**空洞放射**とよびます.

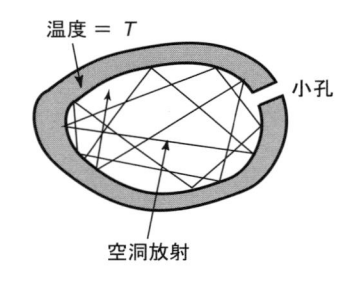

図 **3.8** 空洞放射

空洞内にどのような振動数の光があり, その強さがどの程度であるかを知るには, 空洞の壁に空洞内をあまり乱さない程度の小さな孔を明けて観測すればよいでしょう. 現実的には, 製鉄所の溶鉱炉の内部などは空洞放射の状態に近いと考えられますので, 溶鉱炉の壁の小窓から内部を観測すれば空洞放射が観測できるわけです.

真空の比熱の困難

前節の固体の比熱の項で学んだように, 固体はバネ (調和振動子) の集まりであり, それぞれのバネに kT のエネルギーが等分配されるものとしてその比熱を求めました. その結果は温度があまり低くない限り, 実験値によく合うということがわかりました.

3.3 真空の比熱

マクスウェルの電磁気学によると,真空における**電磁波 (光)** は**電磁場**の振動であり,それは連続的な**弾性体**の振動と同等であることがわかっています.一次元の弾性体ならギターや琴のような**弦の振動**であり,二次元なら太鼓のような**膜の振動**を連想できます.光の場合は電磁場の振動ですから三次元です.したがって,空気が連続体であると仮定して,空気の振動すなわち**音波**を連想すればよいでしょう.

これらの振動は形の上ではバネ (調和振動子) の集まりと同等です.したがって固体の比熱を求めるのとまったく同じはずです.異なるのは,そのバネの個数,すなわち**自由度**の数です.1 mol の固体の場合のバネの個数は,分子の数 (アボガドロ定数) の 3 倍と考えることができましたが,真空中の電磁場は連続な弾性体です.いま簡単のため長さ L の弦の振動を考えましょう.図 **3.9** に許される固有振動が図示されています.

長さ L の弦の固有振動の波長を λ,振動数を ν とすれば,許される波長は $\lambda = 2L, 2L/2, 2L/3, \cdots$ です.弦を伝わる音速を c とすれば,$\lambda\nu = c$ ですから,対応する振動数は $\nu = n \times c/(2L)$, ($n = 1, 2, 3, \cdots$) です.

振動数 ν を一次元の座標軸にとり,許される固有振動数の点を軸上に分布させると,$c/(2L)$ を単位として等間隔に一様に分布します.したがって,振動数が ν と $\nu + d\nu$ のあいだであるような固有振動の数は

$$(\nu と \nu + d\nu のあいだの固有振動の数) = Z(\nu)d\nu = \frac{2L}{c}d\nu$$

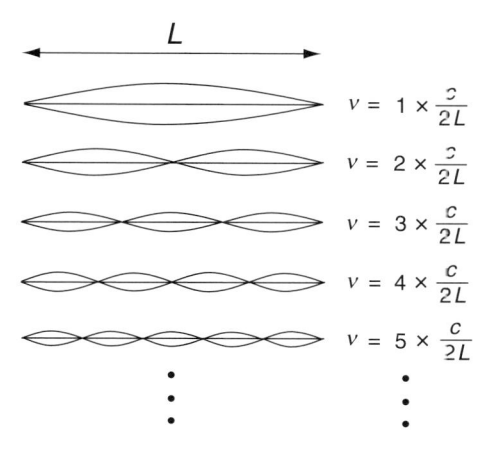

図 3.9 長さ L の弦の固有振動

となります.

真空 (空洞) 中の電磁場の振動は三次元的ですから,上の議論を三次元にしなければなりません.少し面倒になりますので,ここでは詳しい議論は省略

しますが，結果は

$$(\nu と \nu+d\nu のあいだの固有振動の数) = Z(\nu)d\nu = \frac{8\pi V}{c^3}\nu^2\,d\nu$$

となります．ただし V は空洞の体積，c は光速です．

　真空内の電磁場の振動は，完全な連続体の固有振動ですから，いくらでも大きな振動数が許されます．つまり，これらの振動数をもつバネ (調和振動子) が無限に多数あることになり，真空内の電磁場の自由度は**無限大**となってしまいます．これらのバネの各々に kT のエネルギーが**等分配**されると，空洞放射のエネルギーは無限大となり，真空の比熱は無限大となって，空洞はいくらでも大量のエネルギーを吸収する底なし沼となります．実際にはそのようなことはありませんから，以上の考え方にはどこかに間違いがあるにちがいありません．

3.4　プランクの公式

　前節で「空洞」(真空) の比熱について学びました．その結果，ごく素朴にエネルギー等分配則を応用すると真空の比熱は無限大となって，現実とは異なってしまいます．空洞放射ではエネルギー等分配の法則は成立しないのでしょうか．**古典論** (ニュートン力学やマクスウェルの電磁気学やそれらから導かれる古典統計力学) に基づくかぎり，これはどうにもならない結論です．**古典論のどこかが間違っているのでしょうか**．これこそ 19 世紀終盤の物理学上の最大の難問でした．

レイリー – ジーンズの公式

　前節で議論したように，真空中の電磁場において，振動数が ν と $\nu+d\nu$ のあいだの**固有振動の数**は，マクスウェルの電磁気学を使うと，単位体積あたり

$$\begin{pmatrix} 単位体積あたり \\ \nu と \nu+d\nu のあいだの固有振動の数 \end{pmatrix} = \frac{8\pi}{c^3}\nu^2\,d\nu$$

となります．**エネルギー等分配の法則**に従って，これらの固有振動のすべてに kT のエネルギーが分配されるとすると，単位体積あたり，ν と $\nu + d\nu$ のあいだの振動数をもつ光（放射）のエネルギー $U(\nu)d\nu$ は

$$\begin{pmatrix}\text{単位体積あたり，}\nu\text{と}\nu+d\nu\text{のあいだの}\\ \text{振動数をもつ光のエネルギー}\end{pmatrix} = U(\nu)\,d\nu = \frac{8\pi}{c^3}\nu^2 kT\,d\nu$$

となります．これが**レイリー** (J. W. S. Rayleigh: イギリス，1842～1919) と**ジーンズ** (J. H. Jeans: イギリス，1877～1946) によって提案された**レイリー–ジーンズの公式**です．

製鉄所の溶鉱炉のような高温の中に，どのような振動数の光がどのような強さで存在するかを測定すれば，空洞放射の**スペクトル**（振動数ごとの強度分布）が測定できます．**図 3.10** にその実測値が示されています．

図中の**実線**の山の頂上の点の横軸の位置が最も明るい光の振動数を示しています．この振動数が温度とともに大きくなるということは，温度が上がると空洞内の光の色が赤からだんだん白に変化していくことを示しています．図中の**破線**は，温度が 1646 K の場合のレイリー–ジーンズの公式の強度分布です．

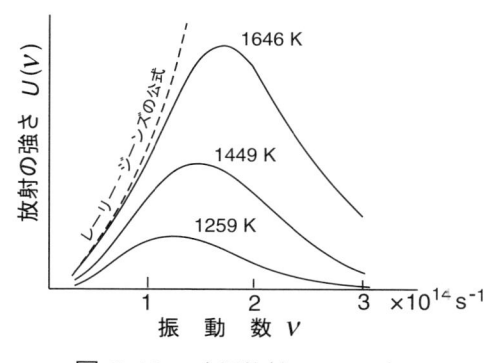

図 3.10 空洞放射のスペクトル

たとえば，鉄のかたまりを熱すると，温度が低いときは黒く，温度が 1000 °C くらいになると鮮やかに赤くなり，1500 °C くらいになると白くまぶしく輝きます．したがって，放射の強さや色は温度によって異なります．このようすが図 **3.10** に示されているわけです．

図 **3.10** にはレイリー–ジーンズの公式の値が**破線**で示されています．振動数が小さいときにはレイリー–ジーンズの公式は実測値によく合っていますが，振動数が大きいときにはまったくだめです．どうやら大きい振動数に対しては**エネルギー等分配の法則**は成り立たないようです．

ウィーンの公式

ウィーン (W. Wien: ドイツ, 1864〜1928) はエネルギー等分配の法則を使わないで, 空洞放射のエネルギー分布がどのような式で表されるかについてたいへん巧妙で一般的な考え方を展開しました (1896). ウィーンのアイデアを詳しく説明するのはかなり面倒ですから, ここでは省略して結果のみを紹介しましょう.

ウィーンによれば, 空洞放射の単位体積あたりのエネルギー分布 $U(\nu)d\nu$ は

$$\begin{pmatrix} \text{単位体積あたり}, \nu \text{と} \nu+d\nu \text{の間の} \\ \text{振動数をもつ光のエネルギー} \end{pmatrix} = U(\nu)\,d\nu = \frac{8\pi}{c^3} F\!\left(\frac{\nu}{T}\right) \nu^3 d\nu$$

と書かれます. ウィーンの議論だけからでは $F(x)$ の関数形はわかりませんが, 大切なことはその関数が必ず**振動数** ν と**温度** T との比で決まるということです. 実験結果はたしかにぴったりとこの法則に合っています. これを**ウィーンの法則** (あるいはウィーンの変位則) とよんでいます.

空洞内の最も明るい光の波長を λ_m とすると, 上の法則から

$$\lambda_\mathrm{m} T = \text{一定}$$

が得られます. この法則はしばしば**ウィーンの変位則**とよばれます.

また, ウィーンの法則において, 関数として $F(x) = k/x$ とすればレイリー – ジーンズの公式がでてきます.

ウィーンは関数 $F(x)$ として

$$F(x) = k\beta e^{-\beta x}$$

ととれば, エネルギー分布 $U(\nu)d\nu$ は

$$U(\nu)\,d\nu = \frac{8\pi k\beta}{c^3} e^{-\beta \nu/T} \nu^3\,d\nu$$

となり, 定数 β を適当に決めると, 高い振動数の領域で実験値にたいへんよく合うことを示しました. これを**ウィーンの公式**といいます.

プランクの公式

空洞放射のエネルギー分布に関するレイリー – ジーンズの公式は振動数の小さい領域で実験値によく合い, ウィーンの公式は振動数の大きい領域でよく合います. そこでプランク (M. K. E. L. Planck: ドイツ, 1858 ～ 1947) はこの二つの公式をつなぐ内挿的公式をみつけました (1900). これこそプランクの公式とよばれる 19 世紀の終末を飾る大発見でした.

プランクは, 上で述べたウィーンの法則において, 関数 $F(x)$ として

$$F(x) = \frac{k\beta}{e^{\beta x} - 1} \quad (\beta は実験値に合うように決める)$$

とすればよいということをみつけました. そうすると空洞放射のエネルギー分布は

$$U(\nu)\,d\nu = \frac{8\pi k\beta}{c^3} \frac{1}{e^{\beta \nu/T} - 1} \nu^3 \, d\nu$$

となります. これが有名な**プランクの公式**です. 式の中の k はボルツマン定数です (式 (3.3) 参照). また, 定数 β は実験によく合うように決めます. 通常 $k\beta = h$ と書き, h を**プランク定数**とよんでいます. その値は

$$h = 6.626 \times 10^{-34}\,\text{J}\cdot\text{s}$$

です. プランクの公式が実験値をいかによく再現するか, 図 **3.11** で明らかでしょう.

3.5 エネルギー量子の発見

前節で学んだように, 空洞放射のスペクトル (振動数ごとの強度分布) は, 振動数 ν が小さいときはレイリー – ジーンズの公式がよく合い, ν が大きいときにはウィーンの公式に合致します. プランクはこのあいだをつないで ν のすべての範囲で測定値によく合う**プランクの公式**を発見しました.

空洞内の電磁場の固有振動の数, すなわち真空中の振動の自由度の数は, すでに前節でレイリー – ジーンズの公式を導いたとき求めました. 振動数が ν

と $\nu + d\nu$ のあいだの固有振動の数は，単位体積あたり

$$\frac{8\pi}{c^3} \nu^2 \, d\nu$$

です．これらすべての自由度に kT のエネルギーが等分配されると考えると，レイリー - ジーンズの公式がでてきます．レイリー - ジーンズの公式とプランクの公式とを比べると容易にわかるように，実際には kT だけのエネルギーが等分配されないで，分配されるエネルギーは

$$kT \times P\left(\frac{h\nu}{kT}\right)$$

となっています．つまり，配分されるエネルギーには

$$P\left(\frac{h\nu}{kT}\right)$$

という関数の重み（ウエイト）がかかってエネルギーの配給が減らされているわけです．この重み関数は

$$P(x) = \frac{x}{e^x - 1}$$

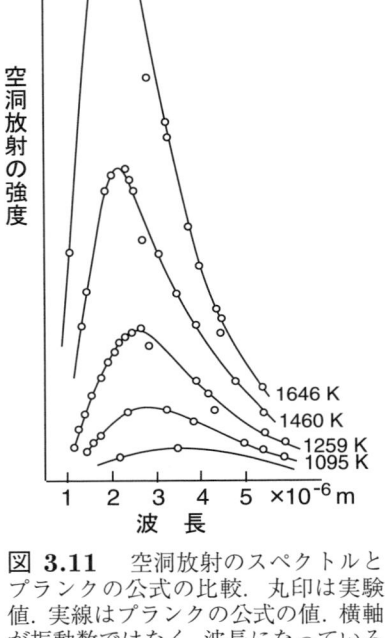

図 **3.11** 空洞放射のスペクトルとプランクの公式の比較．丸印は実験値．実線はプランクの公式の値．横軸が振動数ではなく，波長になっているから注意して下さい．（波長)×(振動数) = (光速) です．

であり，x が小さいときには値は 1 ですが，大きくなると 1 よりずっと小さくなってその分だけエネルギーの配給が減らされます．

つまり，$h\nu/(kT)$ が大きいときにはエネルギー等分配の法則は成り立たないことを意味します．

エネルギー量子

このようにプランクは実験結果とよく合う**プランクの公式**を発見しました．それ自体大発見に違いありませんが，プランクの偉さはそこにとどまっていなかったことです．

3.5 エネルギー量子の発見

プランクは,プランクの公式のもととなる根本の理由を追求しました.その結果,ついに**エネルギー量子**という画期的な考え方に到達しました.これを以下で説明しましょう.

物質を小さく分割していくと,ついには**分子**や**原子**になります.このように物質は連続的ではなく,**基本単位**が多数集まって構成されています.この性質を物質の「**原子的性質**」とよびました.私たちは電気にもまた基本単位 (**電気素量**) があることを学びました.つまり,物質も電気もともに「原子的性質」をもっています.

プランクはエネルギーにもまた基本単位があるのではないかと考え,これを**エネルギー量子**と名づけました.つまりエネルギーの「原子的性質」です.

この考えに立脚すると,エネルギー等分配の法則が成り立たなくなり,その結果**プランクの公式**をみごとに導きだすことができることを示しました (1900).これは**古典論**ではとうてい理解できない,自然科学における革命でした.これこそ 20 世紀の新しい物理学のスタートでした.

図 **3.12** プランク

エネルギー量子とプランクの公式

空洞放射はバネ (調和振動子) の集まりと同等であるといいました.一つ一つの振動子のエネルギーは

$$E = aq^2 + bp^2 \qquad (a, b は正の定数)$$

の形をしています.q は振動子の位置座標,p は運動量を表す変数です.

3.2 節で詳しく述べたように,エネルギー E の平均値は**ボルツマン分布則**を用いて

$$\langle E \rangle = \mathcal{N} \iint (aq^2 + bp^2) e^{-E/(kT)} \, dq \, dp \qquad (3.8)$$

となります.ただし

$$\mathcal{N} = \left[\iint e^{-E/(kT)} \, dq \, dp \right]^{-1}$$

です．エネルギーが連続的であれば，E の平均値は $\langle E \rangle = kT$ となってエネルギー等分配則が得られます．

しかし，E が連続的にあらゆる値をとることができないならば，p や q も勝手な値をとることはできません．いまエネルギー量子の大きさを ε とすると，バネのエネルギー E は **ε の整数倍**しかとることができないので，p や q も次の式

$$E = aq^2 + bp^2 = n\varepsilon \qquad (n = 1, 2, 3, \cdots) \tag{3.9}$$

を満たす値しかとることができません．このことを考えると，上記の式 (3.8) の E の平均値は積分計算ではなく，別の計算方法を用いなければなりません．下で詳しく説明しましょう．とくに難しい計算ではありませんが，面倒だと思われる方は読み飛ばしてください．

プランクの公式の導出

ここでは，エネルギーが連続的ではなく，**エネルギー量子**という基本単位が存在するという考え方に立てば，**プランクの公式**が比較的容易に導かれることを示しましょう．

空洞内の放射は電磁場の振動であり，バネ (調和振動子) の集まりと同等であることがマクスウェルの電磁気学でわかっています．一つのバネ (調和振動子) の位置座標を q，運動量を p とすると，エネルギー E は

$$E = \frac{1}{2m}p^2 + \frac{1}{2}m\omega^2 q^2 \qquad (m, \omega \text{ は定数}) \tag{3.10}$$

と書かれることはニュートン力学でよく知られています．簡単のため，以下ではこれを

$$E = aq^2 + bp^2 \qquad (a, b \text{ は正の定数}) \tag{3.11}$$

と書くことにします．

ボルツマン分布則に従って，エネルギーの**平均値** $\langle E \rangle$ は，

$$\langle E \rangle = \mathcal{N} \iint (aq^2 + bp^2) e^{-E/(kT)} \, dq \, dp, \quad \mathcal{N} = \left[\iint e^{-E/(kT)} \, dq \, dp \right]^{-1} \tag{3.12}$$

で求めることができます．

3.5 エネルギー量子の発見

いま**エネルギー量子**の値を ε とすると，エネルギー E は ε の整数倍しかとることができません．したがって，(q,p) も勝手な値をとることはできなくて，

$$E = aq^2 + bp^2 = n\varepsilon \quad (n = 1, 2, 3, \cdots) \tag{3.13}$$

を満たす値に限定されます．

したがって，式 (3.12) によってエネルギーの平均値を求めるとき，(q,p) 平面上のすべての点について積分を行うのではなく，図 **3.13** の同心楕円上の点のみについて積分をしなければなりません．これをうまく遂行するため，次のように (q,p) から (x,y) へ変数変換をします．

$$x = \sqrt{a}\,q, \quad y = \sqrt{b}\,p \tag{3.14}$$

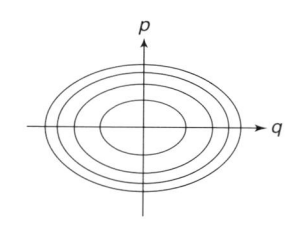

図 **3.13** 積分は楕円上で

そうすると，式 (3.13) は

$$E = x^2 + y^2 = n\varepsilon \quad (n = 1, 2, 3, \cdots) \tag{3.15}$$

となり，積分は図 **3.14** の同心円上の点になります．

さて式 (3.14) の変数変換をすると，式 (3.12) のエネルギーの平均値は

$$\langle E \rangle = \frac{I_1}{I_2} \tag{3.16}$$

$$I_1 = \frac{1}{\sqrt{ab}} \iint (x^2 + y^2) e^{-(x^2+y^2)/(kT)} \, dx\, dy \tag{3.17}$$

$$I_2 = \frac{1}{\sqrt{ab}} \iint e^{-(x^2+y^2)/(kT)} \, dx\, dy \tag{3.18}$$

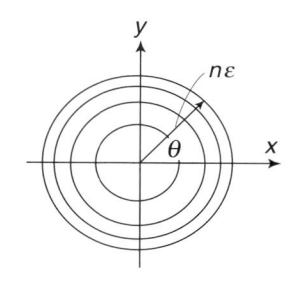

図 **3.14** 積分は円に沿って

となります．式 (3.17) の I_1 と式 (3.18) の I_2 の積分を行うために，もう一度，変数変換をして $(x,y) \to (E,\theta)$ としましょう（図 **3.14** 参照）．そうすると，

$$I_1 = \frac{1}{2\sqrt{ab}} \iint E\, e^{-E/(kT)} \, dE\, d\theta, \quad I_2 = \frac{1}{2\sqrt{ab}} \iint e^{-E/(kT)} \, dE\, d\theta \tag{3.19}$$

となります．変数 θ は 0 から 2π まですべての値をとることができますから，まず先に θ についての積分をすると，

$$I_1 = \frac{\pi}{\sqrt{ab}} \int_0^\infty E\, e^{-E/(kT)} \, dE, \quad I_2 = \frac{\pi}{\sqrt{ab}} \int_0^\infty e^{-E/(kT)} \, dE \tag{3.20}$$

第3章 光の粒子の発見

が得られます．したがって，バネ(調和振動子)のエネルギーの平均値は

$$\langle E \rangle = \frac{\int_0^\infty E\, e^{-E/(kT)}\, dE}{\int_0^\infty e^{-E/(kT)}\, dE} \tag{3.21}$$

となります．この積分は簡単に行うことができて，結果は

$$\langle E \rangle = kT \tag{3.22}$$

となり，これは普通の**エネルギー等分配則**にほかなりません．

エネルギー量子の考え方をとると，E は連続変数ではなく，とりうる値は ε の整数倍のみになりますから，式 (3.21) の積分は和となり，

$$\langle E \rangle = \frac{\sum_{n=0}^\infty n\varepsilon\, e^{-n\varepsilon/(kT)}}{\sum_{n=0}^\infty e^{-n\varepsilon/(kT)}} \tag{3.23}$$

となるはずです．

式 (3.23) の分母，分子の和の計算は簡単です．分母の和は初項が 1 で，公比が $e^{-\varepsilon/(kT)}$ の等比級数ですから，

$$\sum_{n=0}^\infty e^{-n\varepsilon/(kT)} = \frac{e^{\varepsilon/(kT)}}{e^{\varepsilon/(kT)} - 1} \tag{3.24}$$

です．この両辺を $1/(kT)$ で微分すると，容易に

$$\sum_{n=0}^\infty n\varepsilon\, e^{-n\varepsilon/(kT)} = \frac{\varepsilon e^{\varepsilon/(kT)}}{\left[e^{\varepsilon/(kT)} - 1\right]^2} \tag{3.25}$$

が得られ，これらを式 (3.23) に代入すると，

$$\langle E \rangle = \frac{\varepsilon}{e^{\varepsilon/(kT)} - 1} \tag{3.26}$$

となります．この結果に，空洞内の単位体積あたり，振動数が ν から $\nu + d\nu$ のあいだの固有振動の数 (自由度の数)

$$\frac{8\pi}{c^3} \nu^2\, d\nu \tag{3.27}$$

をかけ，エネルギー量子の値を

$$\varepsilon = h\nu \quad (h はプランク定数) \tag{3.28}$$

とすると，プランクの公式

$$U(\nu)d\nu = \frac{8\pi h}{c^3} \frac{1}{e^{h\nu/(kT)}-1} \nu^3 \, d\nu \tag{3.29}$$

が得られます．

エネルギー量子の発見

　上に述べたように，バネ (調和振動子) のエネルギー E がエネルギー量子 ε の整数倍しかとることができないとすると，その平均値は式 (3.26) となります．これにバネの数 (固有振動の数) 式 (3.27) をかけ，$\varepsilon = h\nu$ とすると，結果はまさにプランクの公式にほかなりません．

　つまり，空洞内の振動数 ν をもつ**固有振動のエネルギー E は $h\nu$ の整数倍**の値しかとることができない，という結論になります．

　従来，エネルギーは連続的だと考えられてきました．しかし，いまやエネルギーもまた不連続で，$h\nu$ という**エネルギー素量**が存在するということになりました．

　このようにして自然界における「原子的性質」が物質や電気だけではなく，エネルギーにまで拡張されるという画期的な考え方が，20 世紀の幕開けとともにプランクによってもたらされたのです (1900)．

プランク定数

　現在では**プランク定数 h** の精密な測定がなされて，その値は

$$h = 6.6260755 \times 10^{-34} \, \text{J} \cdot \text{s}$$

となっています．プランク定数は [エネルギー]×[時間] = [作用] の次元をもっているので，**作用量子**とよばれることもあります．

固体の比熱

　3.2 節において固体の比熱について議論しました．固体を $3N_A$ の自由度をもった振動子の集まりと考え，エネルギー等分配の法則を適用すると，温度

が室温以上であれば固体の比熱の実験値をみごとに再現できるけれども，温度が低くなるとエネルギー等分配の法則が成り立たなくなり，実験値をうまく説明できなくなるといいました．

1900年にプランクによって**エネルギー量子**の考え方が発表されるや，**アインシュタイン**とデバイ (P. J. W. Debye: オランダ, 1884〜1966) は，振動数 ν の固体の固有振動のエネルギーは $h\nu$ を単位としてその整数倍しか許されないと仮定すると，低温の領域を含むすべての温度の領域で固体の比熱をみごとに再現できることを示しました (1907, 1912)．

エネルギーがつぶつぶになっているという「**原子的性質**」は，空洞放射のみならず，固体においても成り立っていることが明らかになりました．

3.6　光量子仮説と光電効果

アインシュタインの光量子仮説

前節で学んだように，空洞内の放射 (光) のエネルギーは，$h\nu$ を単位として，その整数倍となっていることがわかりました．これは古典論 (ニュートン力学とマクスウェルの電磁気学) ではどうにも説明することができません．その理由は次の通りです．

空洞は周囲の壁 (熱溜) と時々刻々エネルギーのやりとりをしていますが，**平均的には**「やる」量と「とる」量とが等しく，平衡を保っています．

図 **3.15**　アインシュタイン

しかし，瞬間的にはつねにやったり，とったりしていますので，空洞内の放射のエネルギーはつねにゆらいでいます．そのゆらぎは $h\nu$ を単位として，その整数倍となっているはずです．つまり $h\nu$ という決まった単位の光が空洞の壁から瞬間的に出たり入ったりしているわけです．

このような有限のエネルギーが**瞬間的に**移動するということは古典論ではありえません．したがって，プランクのエネルギー量子の考え方は**古典論では説明できません**．

1905年，**アインシュタイン**は，「**光は粒子のようにつぶつぶになって空間内に存在している**」という，**光量子仮説**を提案しました．

奇跡の年

1905年という年は科学史上「奇跡の年」でした．

この1年間に，**アインシュタイン**は三つの偉大な論文を発表し，そのいずれもがノーベル賞に値する独立した業績でした．それらは，**特殊相対性理論**，**ブラウン運動の理論**，そして本節で説明する**光量子仮説**の提唱でした．以下で述べるように，その中には光量子仮説を実験的に裏づける**光電効果の理論**も含まれていました．

たった1年のあいだに，スイスのベルンの特許局の一職員だったアインシュタインによって，これらの偉大な業績がもたらされたということは奇跡というほかありません．

光電効果

金属の表面に光を当てると荷電粒子が飛びだす**光電効果**は，電磁波の実験中にヘルツ (H. R. Hertz: ドイツ，1857〜94) によって発見されました (1887)．レーナルト (P. E. A. von Lenard: ドイツ，1862〜1947) はこの荷電粒子の**比電荷**を測定し，それが電子であることを確認しました (1900)．光電効果を確かめる実験装置の概念図は図 **3.16** の通りです．真空のガラス管内に2枚の電極を置き，一方の電極に紫外線を当てると，当てたほうの電極がマイナスの場合 **(A)** 電流が流れますが，逆の場合 **(B)** 電流は流れません．

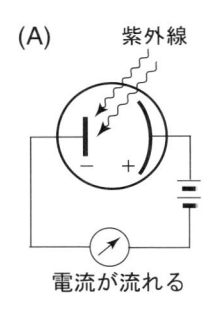

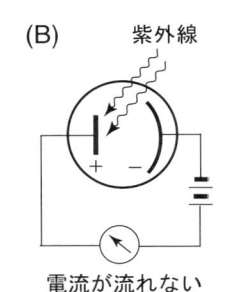

図 **3.16** 光電効果の概念図

アインシュタインの光電効果に関する理論

上に述べた**光量子仮説**に基づいて，アインシュタインは，1905年に光電効果に関する次のような仮説を提唱しました．

振動数が ν の光は $h\nu$ のエネルギーのかたまり

となって金属内の電子に吸収され，電子がもらったエネルギー $h\nu$ が金属の内側から外側に電子を運ぶのに必要なエネルギー W より大きい場合には電子は外側に放出されます．したがって，でてくる電子 (**光電子**といいます) のエネルギーの最大値は

$$E = h\nu - W$$

となるはずだというのです (図 **3.17** 参照)．W は**仕事関数**とよばれ，**熱電子**に関するリチャードソンの研究においてすでに知られていました (p.23 参照)．

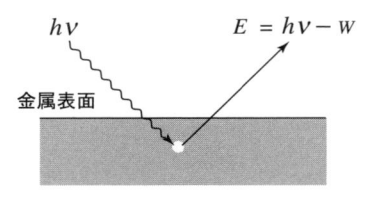

図 **3.17** 光電子のエネルギー

光電効果に関するミリカンの実験

上記のアインシュタインの考えは，1916 年にミリカンによって行われた実験によって鮮やかに証明されました．実験装置の概略は図 **3.18** です．

ミリカンの実験結果をまとめておきます：

(1) 電圧 V を十分高くして，光電効果により飛びだした電子 (**光電子**) をすべて陽極に集めると，流れる電流は陰極に照射した光の強さに比例します．

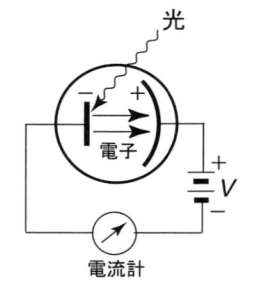

図 **3.18** ミリカンの実験の概念図

(2) どのような金属面に対しても，光電効果の起こりうる最小の振動数があり，それ以下の振動数の光ではどんなに強い光でも光電効果は起こりません．
(3) 光電子のもつ最大の運動エネルギーは光の強さに無関係です．
(4) 光電子のもつ最大の運動エネルギーは光の振動数によって直線的に変化し，アインシュタインの仮説

$$E = h\nu - W$$

に完全に一致しています．

ミリカンはこの実験から定数 h を求めたところ, $h = 6.58 \times 10^{-34}$ J·s となり, プランクが空洞放射から得たものによく一致していました.

古典論の困難

上の光電効果に関するミリカンの実験結果を古典論で説明することは困難です.

光が金属面に当たると, 光の電磁場によって金属内の電子が激しくゆさぶられてエネルギーが与えられ, 金属内にとどまっていられる限界を超えると, 金属表面から飛びだすであろうことは古典論で容易に想像がつきます. 古典論によると, このとき電子に与えられるエネルギーは電磁場の強さの2乗に比例するはずです. したがって, 放出される光電子の最大エネルギーは当てた光の強さに依存するはずですが, これはミリカンの実験結果とは完全に矛盾します. 上にまとめたミリカンの実験結果のうち, (2), (3), (4) は古典論ではまったく説明がつきません.

また, 光電効果の起きる時間についても説明ができません. 代表的な金属の仕事関数 W の大きさは $2 \sim 6$ eV です (1 eV $\approx 1.6 \times 10^{-19}$ J). いま $W = 2$ eV $\approx 3 \times 10^{-19}$ J の金属による光電効果を考えましょう. 1 W (ワット) の光源から 1 m 離れた点の 1 cm^2 の面積を 1 s (秒) 間に通過する光のエネルギーは約 10^{-5} J/(s·cm^2) です. この光を金属に照射するとき, 原子の断面積はだいたい 3×10^{-16} cm^2 の程度ですから, 1個の原子に当たる光のエネルギーは 1 秒あたり約 3×10^{-21} J/s です. このエネルギーを原子がすべて吸収し, それが電子1個にすべて与えられ, その結果光電効果が起きると考えましょう. このエネルギーが上の仕事関数 3×10^{-19} J を超えるまで蓄積するには 100 秒かかります. つまり光を当て始めて約 100 秒たたなければ光電子は飛びださないことになります. ところが実際には, 光電効果に光源のスイッチを入れた瞬間に起こります.

アインシュタインの仮説のように, 光は $h\nu$ のエネルギーのかたまりとなって金属内の電子に一瞬に吸収されると考えると, すべては矛盾なく理解することができます.

3.7 コンプトン効果

前節で学んだように，アインシュタインは光量子仮説を提唱し，それに基づいて光電効果を説明することに成功しました．その結果，光はエネルギー $h\nu$ をもった「粒子」となって空間に存在することが確実になりました．

光の粒子性をさらに確実にしたのが以下で説明する**コンプトン効果**でした．1923 年，**コンプトン** (A. H. Compton: アメリカ，1892 ～ 1962) は結晶による X 線の散乱の現象が光の粒子性によってみごとに説明できるとということを発見しました (もちろん，現象そのものは以前からよく知られていました)．

粒子 (電子) による X 線の散乱を**コンプトン散乱**とよぶこともあります．コンプトン散乱の実験結果は，X 線が「粒子」となって結晶中の電子という「粒子」に衝突して散乱されると考えることによって説明できます．ちょうど「玉突き」(ビリヤード) の球の衝突を連想してください．そのために，まず**光量子** (光の粒子) の**運動量**を考えなければなりません．

光量子の運動量

光量子は $h\nu$ だけのエネルギーをもった「粒子」であることはすでに説明しました．この「粒子」は同時に**運動量**をもっているはずです．なぜかというと，光は周囲の壁に圧力を与えていることがわかっているからです．

振動数が ν の光で満たされている容器を考えましょう．光が周囲の壁に与える圧力を P，単位体積あたりの光のエネルギーを U とすると，

$$P = \frac{U}{3}$$

であることが実験的にわかっています．この関係式は古典論からも導くことができます．この関係式から，1 個の**光量子の運動量** p は

$$p = \frac{h\nu}{c} = \frac{h}{\lambda}$$

となります．つまり，光量子の運動量はエネルギー $h\nu$ を光速 c で割ったものです．この結果は，気体分子の運動と圧力などとの関係を求めた方法と同様にして導くことができますので，以下で簡単に説明しましょう．面倒な方は読み飛ばしてください．

上で述べたように，空洞内にある**放射** (光) が空洞の壁に及ぼす**圧力** P と，空洞内の単位体積あたりのエネルギー (**エネルギー密度**) U とのあいだには $P = U/3$ という関係があることは実験的に確かめられています．この関係式から1個の光量子の運動量を求めることができます．

右の図 **3.19** のように，1辺が L の立方体の中に，振動数が ν，したがってエネルギーが $h\nu$ の**光量子**が1個だけ閉じ込められて運動しているものとしましょう．この光量子は立方体の周囲の壁で反射されて，図のようなジグザグ運動をするでしょう．この光量子が壁の一つ，たとえば AB に衝突して反射するたびに，壁に力を及ぼします．

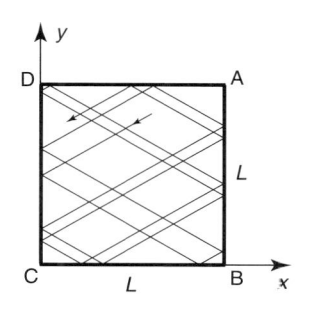

図 3.19 箱の中の光量子

この光量子の速さは**光速** c です．その速度の x 成分を c_x としましょう．また，運動量の大きさを p とし，その x 成分を p_x としましょう．単位時間内に壁 AB に衝突する回数は $c_x/(2L)$ です．1回の衝突で光量子の運動量の変化は $2p_x$ ですから，単位時間に光量子が壁 AB に与える運動量は $2p_x \times (c_x/(2L)) = p_x c_x/L$ です．つまり壁 AB が受ける平均の力が $p_x c_x/L$ であることを意味します．この力を壁の面積 L^2 で割ったものが1個の光量子から壁が受ける平均の圧力 $p_x c_x/L^3$ です．

いま考えている立方体の中にたくさんの (N 個の) 光量子があるものとすると，これらから壁 AB が受ける平均の圧力は

$$P = N \times \frac{\langle p_x c_x \rangle}{L^3} \tag{3.30}$$

です．ただし，$\langle p_x c_x \rangle$ はたくさんの光量子に関する $p_x c_x$ の平均値という意味です．運動量の方向と速度の方向は一致すると考えられますから

$$p_x = p\frac{c_x}{c}$$

となるでしょう．したがって，

$$p_x c_x = \frac{p}{c} c_x^2$$

です．平均値をとると

$$\langle p_x c_x \rangle = \frac{p}{c} \langle c_x^2 \rangle$$

となります．平均的には x, y, z はすべて同等であると考えられるから，$\langle c_x^2 \rangle = \langle c_y^2 \rangle = \langle c_z^2 \rangle = c^2/3$ です．したがって式 (3.30) から，圧力 P は

$$P = N\frac{\langle p_x c_x \rangle}{L^3} = \frac{1}{3}\frac{N}{L^3}pc \tag{3.31}$$

となります.

一方, 光量子 1 個のエネルギーは $h\nu$ ですから, 立方体の中の全エネルギーは $N \times h\nu$ です. したがって, 単位体積あたりのエネルギー (エネルギー密度) U は

$$U = \frac{Nh\nu}{L^3}$$

です. この式と式 (3.30) とから

$$P = \frac{1}{3} U \times \frac{pc}{h\nu} \tag{3.32}$$

が得られるので,

$$\frac{pc}{h\nu} = 1, \quad \text{すなわち} \quad p = \frac{h\nu}{c} \tag{3.33}$$

となって, 光量子の運動量は $h\nu$ を光速 c で割ったものであることがわかりました.

光量子説によるコンプトン効果

コンプトンは, 単色の (波長が一定の) X 線を黒鉛 (炭素の結晶) に照射したとき, 散乱角が大きくなると散乱された **X 線の波長が長くなる**ことをみつけました. これは古典論では説明がつきません.

古典論では入射した X 線が荷電粒子 (電子) を振動させ, その振動する荷電粒子が同じ振動数の電磁波 (X 線) を四方に放射 (散乱) すると考えられます. したがって, 散乱された X 線の波長は入射した X 線の波長と等しいはずだからです.

コンプトンは, 図 **3.20** のように, 入射した X 線が「粒子」として電子に衝突し散乱されると考えました. 入射した X 線の「粒子」のエネルギーを $h\nu$, 運動量を $h\nu/c$ とし, 散乱角 θ の方向に散乱された X 線の「粒子」のエネルギーを $h\nu'$, 運動量を

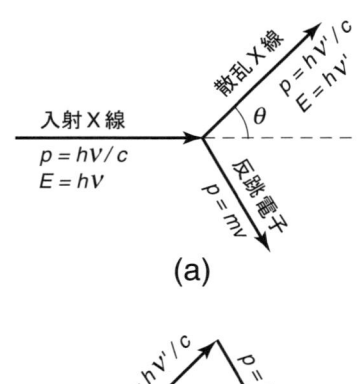

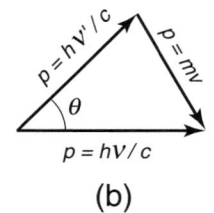

図 **3.20** コンプトン散乱の散乱角と運動量保存則

3.7 コンプトン効果

$h\nu'/c$ とします. 衝突された電子 (質量 m) も跳ね飛ばされます. その電子を**反跳電子**といいます. その運動量を mv とします.

コンプトン散乱におけるエネルギーと運動量の関係は図 **3.20(a)** に示されている通りです. 図 **3.20(b)** はそのときの運動量保存則を表しています. この運動量保存則からすぐわかるように,

$$m^2 v^2 = \frac{h^2}{c^2}(\nu^2 + \nu'^2 - 2\nu\nu' \cos\theta)$$

となりますが, $\nu \approx \nu'$ ですから

$$0 \approx (\nu - \nu')^2 = \nu^2 + \nu'^2 - 2\nu\nu'$$

が成り立ち, これを上式に代入すると,

$$mv^2 = \frac{2h^2}{mc^2}\nu\nu'(1 - \cos\theta)$$

となります. 一方, エネルギー保存則から

$$mv^2 = 2h(\nu - \nu').$$

したがって, 角度 θ の方向に散乱される波長 λ' と入射 X 線の波長 λ との差 $\Delta\lambda$ は

$$\Delta\lambda = \lambda' - \lambda = \frac{c}{\nu'} - \frac{c}{\nu} = c \times \frac{\nu - \nu'}{\nu\nu'} = \frac{h}{mc}(1 - \cos\theta)$$

となります. したがって, 散乱角 θ が大きくなるにしたがって散乱 X 線の波長は長くなることになります.

図 **3.21** にコンプトンによる散乱角 $\theta = 0°$, $45°$, $90°$, $135°$ の場合の実験結果が示されています. グラフは散乱 X 線の強さ (縦軸) を波長 (横軸) の関数として表しています. 散乱角 θ が大きくなると, ピークが二つに分かれて, 右側の波長の長い (λ' の) ピークがだんだんと長い波長のほうに動いていきます. この λ' の結果は上の式にぴったり合致しています. X 線の**粒子性**がみごとに実証されたわけです. なお, 左側のピークは波長が入射 X 線のそれに等しく, これは原子全体による散乱波であり, 原子が重いので波長は変化しないと考えられます.

84　第3章　光の粒子の発見

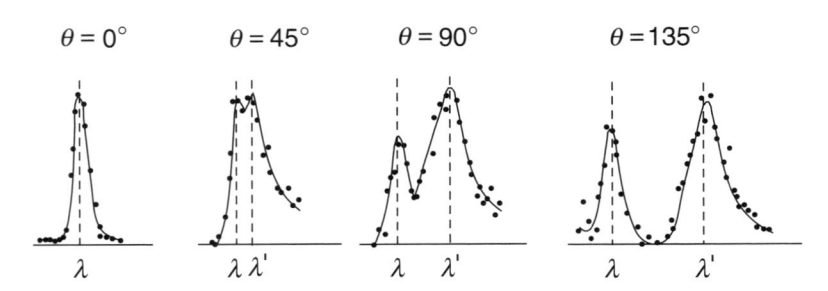

図 **3.21**　コンプトンの黒鉛による X 線散乱の実験結果. X 線の強さ (縦軸) が波長 (横軸) の関数として示されています. 詳しい説明は本文参照.

以上のように, コンプトン散乱は X 線の粒子性によってみごとに説明されましたが, コンプトンの実験でははじき飛ばされた**反跳電子**の観測はできませんでした. これは少しあとに**ウィルソンの霧箱** (p.48 参照) を使って写真に撮ることができました.

光子

1905 年にアインシュタインが光量子仮説を提唱したあと, 人々は 20 年近くも**光の粒子説**に疑いをもっていました. しかしコンプトン効果の実験結果をみせつけられては, もはや**光の粒子性**を疑うわけにはいかなくなりました. これ以後, 光の粒子は**光子** (photon) とよばれて, 電子 (electron) や 陽子 (proton) などとともに**粒子の仲間入り**をすることになりました.

3.8　第3章のまとめ

本章で学んだことをまとめておきましょう.

(1) **古典論** (ニュートン力学とマクスウェルの電磁気学) から必然的に導かれる**エネルギー等分配の法則**が, 低温の物体の比熱や空洞放射に対しては成り立たないことがわかりました.
これは古典論のゆき詰まりでした.

(2) この困難は,エネルギーが連続ではなく「つぶつぶになっている」というプランクのエネルギー量子仮説によって解決できることが明らかになりました.

(3) プランクのエネルギー量子の考え方をさらに発展させて,光は粒子であると考えられることが明らかになりました.光の粒子は**光子** (photon) とよばれることになり,電子 (electron) や陽子 (proton) のような粒子の仲間入りをするようになりました.この光の**粒子性**は古典論からは想像もつかない驚くべき性質でした.

光の粒子性と波動性

光の**粒子性**が明らかになったからといって,光の**波動性**が否定されたわけではありません.光が**回折**や**干渉**を起こすことは光が粒子であると考えると理解できません.

光の干渉現象を発見して,光が波動であることを最初に確かめた**ヤング** (T. Young: イギリス,1773 〜 1829) の複スリットの実験を考えてみましょう.ヤングの実験装置の概念図は図 **3.22** の通りです.単色で位相のそろった光は二つのスリット $S_1, S_2,$ を通って右の衝立上に干渉じまを生じます.その1例が図 **3.23** の写真に示されています.

図の (**a**) は二つのスリットの片方を閉じたときの写真であり,(**b**) は二つのスリットを両方とも開いたときの干渉じまです.

ヤングの実験で右方の衝立の上に干渉じまが生じる理由は,図 **3.24** のように,左方から入射した光 (波動) が二つのスリットを

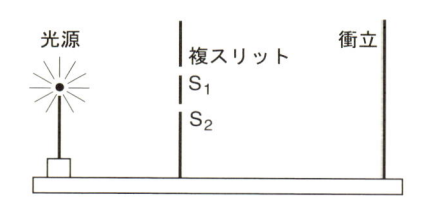

図 **3.22** ヤングの実験

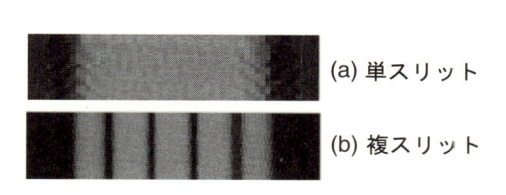

図 **3.23** ヤングの実験における干渉じま

通過したあと互いに干渉するからです．

スリットの間隔を d とすると，スリット S_1 とスリット S_2 を通過した光が衝立上の点 A に到達するまでの**光路差** ($\approx d\sin\theta$) が波長 λ の整数倍になるとき干渉し合って強め合い，その中間が弱め合い，その結果，しま模様ができるわけです．

光が粒子であると考えると，一つの粒子が同時に二つのスリットを通ることは不可能であり，図 **3.23** のような干渉じまは起こりえません．干渉じまが生じるということは，光が波動であり，光が同時に部分的に二つのスリットを通過して干渉が起きる，と考えざるをえません．

このような結果を見ると，光はあるときは**粒子**であり，あるときは**波動**であるようです．それならば，光はいつ粒子で，いつ波動なのでしょう．これはたいへん難問です．光の真実の姿はどうなっているのでしょう．

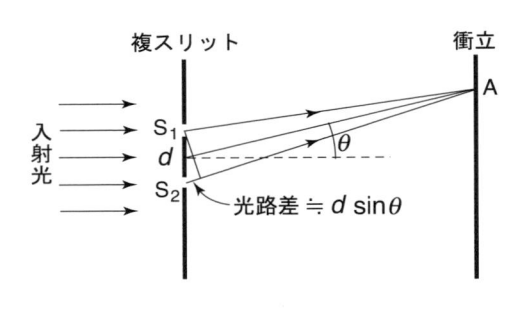

図 **3.24** ヤングの実験における光路差

この疑問に対する答は，1925 年以降の**量子力学**の確立をまたなければなりませんでした．それまでは物理学者は，ある場合は粒子説，別の場合には波動説をとり，場合場合に応じて態度を変えるというはなはだ無節操に終始せざるをえず，「午前中は光を粒子と考え，午後は波動と考える」といったり，あるいは，「1 週間のうち，月水金は光を波動と考え，火木土は粒子と考える」といったジョークが飛びだすありさまでした．

演習問題

3-1 水素ガス (H_2) のモル比熱が，温度とともにどのように変化するかを測定してみると，20K $< T <$ 100K の範囲ではほぼ $3R/2$，200K $< T <$ 700K の範囲ではほぼ $5R/2$ である．(R は気体定数．) ところが $T >$ 2000K の高温になるとほぼ $7R/2$ となる (図 **3.25** 参照)．

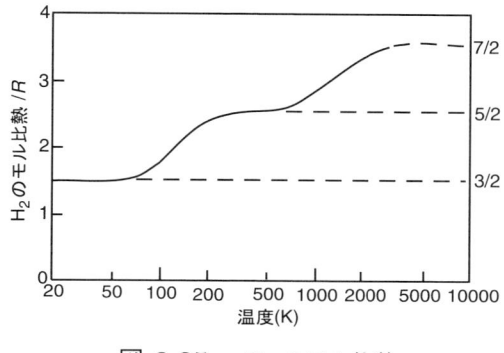

図 3.25　H_2 のモル比熱

　低温のときの $3R/2$ は H_2 の重心の x, y, z 方向の平行移動の三つの自由度のみが寄与し，重心のまわりの回転運動は凍結して比熱に寄与しないものと考えられる．中間の温度の場合 $5R/2$ となるのは，平行移動の三つの自由度のほかに重心のまわりの回転の自由度が加わると考えられる．最高温度の領域で $7R/2$ となるのは，これらに加えてどのような自由度が寄与するのであろうか．

3-2　波長が 3000Å の光が仕事関数 2 eV の金属の表面に照射される．放出される光電子の最大のエネルギーはいくらか．

3-3　金属ナトリウムの表面における光電効果を測定したところ，下の表の第1行に示す振動数 ν の光に対して，光電子の放出を阻止するためにはそれぞれ第2行に示される電圧をかければよいことがわかった．振動数 ν を横軸に，阻止電圧を縦軸にして表の数値をグラフに描いて，各点が光電効果の式で予想される直線上にほぼ乗っていることを確かめ，プランク定数 h と仕事関数 W の値を求めよ．

$\nu\,(\times 10^{13}\,\mathrm{s}^{-1})$	68.79	81.84	90.79	98.65	105.9	118.2
電圧 (V)	0.57	1.10	1.47	1.81	2.11	2.63

3-4　金属ランタン ($Z = 57$) の表面から光電効果を起こすためには，3760Å より短い波長の光を当てなければならない．金属ランタンの仕事関数は

何 eV か.また,波長が 2500Å の光を当てたとき,放出される光電子の最大の運動エネルギーはいくらか.

3-5 単色 (振動数一定) の点光源から波長が 5000Å の光が四方に放射されるものとする.光源の出力は 10 mW (ミリワット) とする.この光源から 1 秒間に放射される光子の個数を求めよ.

また光源から 10 km 離れた点に光源に向いて立っている人間の瞳孔 (ひとみ) に毎秒何個の光子が入射するか計算せよ.ただし瞳孔の大きさは,直径が 2 mm であるとせよ.光源から瞳孔に至る途中での光の吸収は無視する.

人間の目は,その瞳孔に 1 秒あたり 6 個以上の光子が入るときに反応するといわれる.いまの場合,光源の出力を減らしていったとき,どのくらいの出力まで光源を感じることができるか.検討せよ.

3-6 電子によるコンプトン散乱において,角度 θ の方向に散乱される光の波長は,入射光の波長に比べて $\Delta\lambda = (h/(mc))(1-\cos\theta)$ だけ長くなる.いま $\theta = 60°$ の場合を考える.散乱光の波長が入射光のそれに比べて 1% だけ長くなったとすれば,そのときの入射光の波長はいくらか.

またこの実験において,$\theta = 90°$ の方向に散乱される光の波長はいくらになるか.

第4章　電子と波

19世紀の終わりから20世紀の初頭にかけて，ミクロの世界で**古典論**(ニュートン力学やマクスウェルの電磁気学)では理解できない不思議な現象がつぎつぎに発見され，古典論のゆき詰まりが明らかになってきました．古典論から脱皮し，**新しい理論**を迎える黎明の時が迫っていたのです．

4.1　有核原子模型の困難

　第2章で学んだように，ラザフォードは原子の構造に対する**有核原子模型**を提唱し，原子による α 線の散乱の実験をみごとに説明することができました．
　しかし，第2章のまとめ (p.49) でも少し触れましたが，古典論 (ニュートン力学とマクスウェルの電磁気学) の立場からいえば，有核原子模型は**原子の安定性**や**原子のスペクトル**を説明することができませんでした．ここで古典論はゆき詰まってしまったのです．

原子の安定性に関する困難

　ラザフォードの有核原子模型では $+Ze$ (Z は原子番号) の電荷をもった重い原子核が原子の中心にあり，そのまわりを軽い電子がとり巻いて運動しているというイメージでした．この構造が不安定であるということを説明しましょう．
　マクスウェルの電磁気学によると，**加速度** α をもって運動する**荷電粒子**は，電磁波を放射し，単位時間ごとに

$$\frac{dE}{dt} = -\frac{2}{3}\frac{\mu_0}{4\pi}\frac{e^2}{c}\alpha^2 \tag{4.1}$$

のエネルギーを失います．e は電気素量，μ_0 は真空の透磁率，c は光速です．また，右辺のマイナス符号はエネルギーを失うことを意味します．

いま簡単のため，**陽子 1 個**のまわりを**電子**が 1 個回っている**水素原子**を考えます．陽子は十分重いので座標原点に静止しているとし，電子は陽子の周囲を半径 r の円運動を行っているとしましょう．このときのニュートンの運動方程式は

$$m\alpha = \frac{e^2}{4\pi\varepsilon_0 r^2} \qquad (m \text{ は電子の質量}) \tag{4.2}$$

です．右辺は陽子と電子のあいだのクーロン力の大きさです．

式 (4.1) と式 (4.2) から，単位時間に電子が失うエネルギーは

$$\frac{dE}{dt} = -\frac{2}{3}\frac{\mu_0}{4\pi}\frac{1}{(4\pi\varepsilon_0)^2}\frac{e^6}{cm^2 r^4} \tag{4.3}$$

となります．一方，この円運動において電子のエネルギーは

$$E = (\text{運動エネルギー}) + (\text{位置エネルギー}) = -\frac{e^2}{8\pi\varepsilon_0 r} \tag{4.4}$$

ですから，

$$\frac{dE}{dr} = \frac{e^2}{8\pi\varepsilon_0 r^2} \tag{4.5}$$

が得られます．

さて，電子はエネルギーを失って速度が次第に遅くなるので，円運動の半径 r はだんだん小さくなるでしょう．つまり r は時間の関数です．ですから，

$$\frac{dE}{dt} = \frac{dE}{dr}\frac{dr}{dt}, \qquad \text{ゆえに} \qquad \frac{dr}{dt} = \frac{dE}{dt}\bigg/\frac{dE}{dr} \tag{4.6}$$

と考えると，これに式 (4.3) と式 (4.5) を代入して

$$\frac{dr}{dt} = -\frac{4}{3}\frac{\mu_0}{4\pi}\frac{1}{4\pi\varepsilon_0}\frac{e^4}{cm^2 r^2} \tag{4.7}$$

となります．

ある時刻に水素原子の半径が通常の大きさ $R = 0.5 \times 10^{-10}$ m であったとして，この水素原子が電磁波を放射してエネルギーを失い，時間 T のあとに半径が 0 となってしまったとしましょう．式 (4.7) を t で積分してこの時間 T を求めると

$$T = \frac{1}{4} \frac{4\pi}{\mu_0} (4\pi\varepsilon_0) \frac{cm^2}{e^4} R^3 = 1.3 \times 10^{-11} \, \text{s (秒)} \tag{4.8}$$

となり，その結果水素原子はきわめて**短い時間**内に **1 点**に収縮してつぶれてしまうことになります．しかし現実には水素原子はたいへん安定で，ひとりでにつぶれてしまうようなことはありません．

このように**古典論では有核原子模型は困難を引き起こします**．

原子のスペクトルに関する困難

いろいろな色の光が合成された光を色ごとに (波長ごとに) 分解して並べたものを**スペクトル**といいます．**プリズム**を使ってスペクトルを詳しく観察したのはニュートンが最初だそうです (1666)．

放電管や種々の電極間の**放電 (アーク)** において放射される光は，その放電管内のガスや電極の物質に特有の**線スペクトル**を示します．

次節にスペクトルの例があげてあります．

それぞれの原子は決まった波長の光をだします．しかし，ラザフォードの原子模型を考え，古典論に従えば，原子は線スペクトルではなく，もっと広がったスペクトルを示すはずです．この点もラザフォードの原子模型の困難な点でした．

原子のスペクトルから何がみえてくるか，次節以下で詳しく学びます．

4.2　原子のスペクトル

種々のガスを入れた放電管や，いろいろな物質でつくった電極のあいだに高電圧をかけて**放電** (アーク) させたとき放射される光は，そのガスや物質に特有の**線スペクトル**を示します．**図 4.1** の写真がその例です．

写真で示したスペクトルのうち，太陽光線は**連続スペクトル**ですが，ところどころにフラウンホーファー線という黒い吸収スペクトルがみられます．これについては説明を省略します．水素や水銀の**線スペクトル**は，この写真では一部がみえていますが，画質がよくないので残念ながら残りははっきりみえていません．

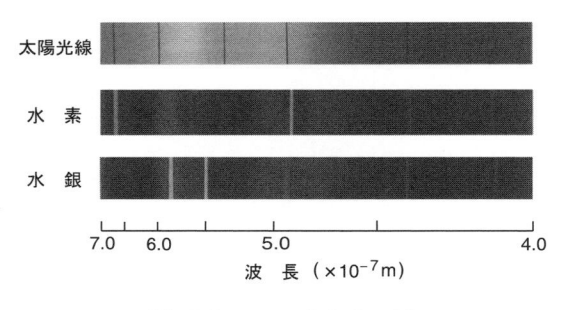

図 4.1 スペクトルの例

バルマーの公式

水素のスペクトルの中で可視部から紫外線の部分にかけて現れる**バルマー系列**とよばれる一群の線スペクトルが図 4.2 に示されています (水素にはこのほかにライマン系列，パッシェン系列，ブラケット系列などのスペクトル線のグループがみられます)．

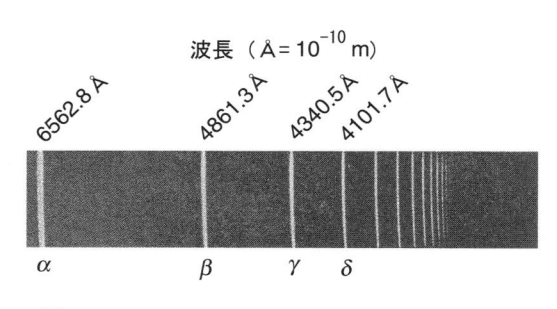

図 4.2 水素の線スペクトル (バルマー系列)

図 4.2 の水素のスペクトル線 $\alpha, \beta, \gamma, \delta$ の波長がそれぞれ

$$\frac{9}{5}f, \quad \frac{16}{12}f, \quad \frac{25}{21}f, \quad \frac{36}{32}f \qquad (f = 3645.6 \text{ Å})$$

と表されることを，スイスの女学校の教師バルマー (J. J. Balmer: スイス，1825 〜 98) が発見し，これがバルマーの公式

$$\lambda = \frac{n^2}{n^2 - 4}f \qquad (n = 3, 4, 5, 6)$$

で表されることに気がつきました (1885). また $\alpha, \beta, \gamma, \delta$ 以外のスペクトル線にもバルマーの公式がよくあてはまることがわかっています.

リュードベリの公式

リュードベリ (Rydberg: スウェーデン, 1854 ～ 1919) は, 1890 年, 水素だけでなくアルカリ元素のスペクトルに関しても, スペクトル線の波長 λ がたいへん簡単な公式で表されることを発見しました. これがリュードベリの公式

$$\frac{1}{\lambda} = R\left[\frac{1}{(m+a)^2} - \frac{1}{(n+b)^2}\right] \quad (m, n = 整数)$$

です. m, n は整数です. a, b は物質ごとに, また系列ごとに異なる値ですが, 系列内では定数です. R は**リュードベリ定数**とよばれ, 水素に対する実験値から

$$R = 10\,967\,776\ \mathrm{m}^{-1}$$

が得られました.

バルマーの公式もリュードベリの公式の特別な場合であり, $a = b = 0, m = 2$ とおいて

$$\frac{1}{\lambda} = R\left(\frac{1}{2^2} - \frac{1}{n^2}\right)$$

としたものに相当します.

これらバルマーやリュードベリの実験公式を, 古典論で説明することはできません.

物理学はなんらかの革命的な飛躍を遂げなければならなくなったようです.

4.3　ボーアの原子構造論

ラザフォードの有核原子模型は, 原子による α 粒子の散乱をみごとに説明することができましたが, 前々節と前節で述べたように, 原子の安定性や, 原子のスペクトルに対しては無力であり, 説明できない困難をもたらしました.

ラザフォードの下で有核原子模型について学んだ**ボーア** (N. H. D. Bohr: デンマーク, 1885～1962) は, 重い原子核の周囲を軽い電子が回転運動をしているというラザフォードの考え方に従いながら, このラザフォード模型に古典論からはでてこない**新しい条件(仮説)** を付加することによって, 原子の構造を統一的に説明することのできる理論を発表しました (1913). これが**ボーアの量子論**とよばれる理論です. また, この理論は**ラザフォード－ボーアの原子模型**とよばれることもあります.

図 4.3　ボーア

ボーアの量子論

原子核の周囲の電子は, 古典論 (ニュートン力学とマクスウェルの電磁気学) に従う, とボーアは考えました. それだけでは, 前節までに説明した困難が生じますので, これに次の3項目の**仮説**を加えました.

(1) 原子はとびとびの値のエネルギーをもった状態でのみ存在することができます. したがって, 原子が光を放出・吸収するのは, それらの状態のうち二つの状態間をジャンプ(**遷移**) するときのみです. これらの状態を原子の**定常状態**とよびます.

(2) 二つの定常状態のあいだの遷移によって放出 (または吸収) される光の振動数 ν は, **振動数条件**

$$h\nu = E' - E'' \tag{4.9}$$

によって決まります. ここで h はプランク定数, E', E'' はそれら二つの定常状態のエネルギーの値です.

(3) 定常状態において, 電子は古典論の法則に従います. そして, 古典論で許される可能な運動のうち, **量子条件**

$$\oint p\,dq = nh \quad (n = 1, 2, 3, \cdots;\ h\text{はプランク定数}) \tag{4.10}$$

を満たす状態のみが定常状態として許されます.ただし,p は電子の運動量,q は座標変数であり,積分は電子の軌道に沿って 1 周期にわたるものとします.

以上の三つの仮説を基礎にした理論を**ボーアの量子論**とか**前期量子論**とよんでいます.

水素原子

ボーアの量子論の三つの仮説を水素原子に適用してみましょう.

電子 (質量 m) は,原点に静止している陽子のまわりを,陽子からクーロン引力で引っぱられながら運動します.その運動はニュートンの運動方程式によって決まります.そのときの軌道は一般には楕円軌道ですが,ここでは簡単のため特別な場合として円軌道としましょう.このときは運動量の大きさ p は一定です.**量子条件**の式は

$$p \cdot 2\pi a = nh \qquad (n = 1, 2, 3, \cdots; \ a \text{ は円の半径}) \tag{4.11}$$

と書かれます.遠心力とクーロン力とのつり合いから

$$(\text{遠心力}) = \frac{p^2}{ma} = (\text{クーロン力}) = \frac{e^2}{4\pi\varepsilon_0 a^2} \tag{4.12}$$

が得られます.式 (4.11) と式 (4.12) とを組み合わせると,軌道半径は

$$(\text{軌道半径}) = a = \frac{\varepsilon_0 h^2 n^2}{\pi m e^2} \qquad (n = 1, 2, 3, \cdots) \tag{4.13}$$

となります.電子のエネルギーは運動エネルギーとポテンシャルエネルギーの和ですから,

$$E = \frac{p^2}{2m} - \frac{e^2}{4\pi\varepsilon_0 a} = -\frac{me^4}{8\varepsilon_0^2 h^2 n^2} \qquad (n = 1, 2, 3, \cdots) \tag{4.14}$$

となります.これを E_n と表しましょう.

水素原子として許されるエネルギーは式 (4.14) で与えられるとびとびの値 E_n ($n = 1, 2, 3, \cdots$) です.$n = 1$ の状態がエネルギーが最低の状態です.こ

れを**基底状態**とよびます.そのときの軌道半径 a_0 はとくにボーア半径とよばれ,その値は

$$a_0 = \frac{\varepsilon_0 h^2}{\pi m e^2} = 0.529177249 \times 10^{-10} \text{ m} \qquad (4.15)$$

です.つまりこのボーア半径が通常の水素原子の半径であると考えられ,これより小さい水素原子は存在しないわけです.

エネルギーが E_n の状態から E_k の状態へジャンプ (**遷移**) するとき放射される光の振動数 ν (波長 λ) は,**振動数条件**式 (4.9) によって決まるはずです.これと式 (4.14) とを組み合せて,

$$\nu = \frac{c}{\lambda} = \frac{1}{h}(E_n - E_k) = \frac{me^4}{8\varepsilon_0^2 h^3}\left(\frac{1}{k^2} - \frac{1}{n^2}\right) \qquad (4.16)$$

が得られます.これはまさに前節で実験的に求められたバルマーの公式やリュードベリの公式に一致しています.したがって,リュードベリ定数は

$$R = \frac{me^4}{8\varepsilon_0^2 h^3 c} = 1.0973731534 \times 10^7 \text{ m}^{-1} \qquad (4.17)$$

となり,実験的に求められた値にたいへんよく合致しています.

このようにボーアの量子論は水素原子の構造をみごとに再現してくれました.

水素原子のエネルギー準位とスペクトル

ボーアの量子論によれば,水素原子のエネルギーは上の式 (4.14) で与えられます.**基底状態**は $n = 1$ で,$n = 2, 3, \cdots$ が**励起状態**です.これらを**エネルギー準位**として図示したものが**図 4.4** です.エネルギーは水素の原子核 (陽子) と電子が完全に分離した状態を基準 0 とし,eV を単位として表してあります.

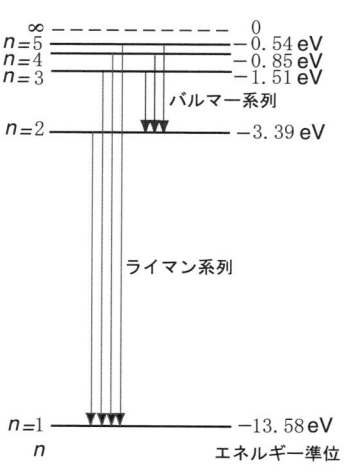

図 4.4 水素原子のエネルギー準位

4.3 ボーアの原子構造論　　97

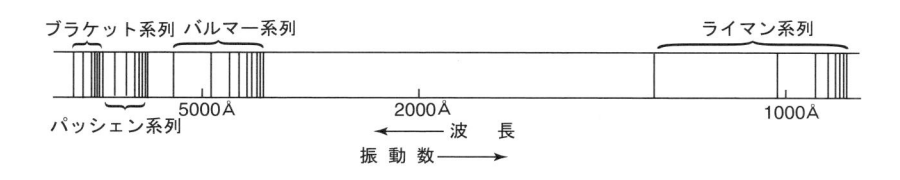

図 4.5　水素原子のスペクトル

　水素原子のスペクトルを詳しく測定したものが図 4.5 に示されています．この中には，ライマン系列，バルマー系列などのスペクトル線のグループがみられますが，それらは図 4.4 のエネルギー準位でわかるように，さまざまな準位から特定の準位へジャンプ (遷移) するとき放出される光であると考えられます．

定常状態の確証

　ボーアの量子論では，原子はとびとびの値のエネルギーをもった定常状態でのみ存在できる，という仮説が立てられました．これは古典論の立場からは理解しにくい仮説です．しかし上に述べたように，水素のスペクトルはボーアの量子論でみごとに再現することができます．ということは，定常状態の考え方は正しいと思われます．

　そこで，定常状態が本当に存在するということを，実験的に，直接的に確かめたくなります．これを実行したのが**フランク** (James Franck: ドイツ，アメリカ，1882～1964) と**ヘルツ** (Gustav Hertz: ドイツ，1887～1975) が協力して行った**フランク – ヘルツの実験**でした (1914)．

　フランク – ヘルツの実験のヘルツ は，19 世紀に電磁波の研究でよく知られているヘルツ (H. R. Hertz: ドイツ，1857～94) とは別人です．

　フランク – ヘルツの実験の装置の概要は図 4.6(a) の通りです．容器内には低圧の水銀蒸気が入っています．フィラメント F が熱せられ，放出された電子はプラスの格子電極 G に引っぱられて加速します．電極 P と格子電極

G とのあいだにはつねに弱い電圧 (0.5 V くらい) をかけておきます．これは電子を追い返して電極 P にわざと近づきにくくするためです．

F から放出された電子は FG 間の電圧 V によって加速され，格子電極 G の格子のあいだを通り抜けて電極 P に達し電流計 A に電流が流れます．電圧 V を高くすると電流はどんどん増大しますが，V が 4.9 V になったとき電流が突如減少します．さらに電圧 V を上げると電流は再び増加しますが，9.8 V になったときまた電流は減少し，この現象が繰り返されます．この実験結果のようすは図 **4.6(b)** のグラフに示されています．

これは次のように考えられます．

加速された電子は容器内にガスとなっている水銀の原子に衝突します．電子のエネルギーが 4.9 eV になるまでは衝突しても何も起こりませんが，4.9 eV を超えると電子のエネルギーが水銀原子に吸収され，その結果，電子のエネルギーが減少して電極 P まで到達できなくなってしまい，電流が急激に減少するのです．

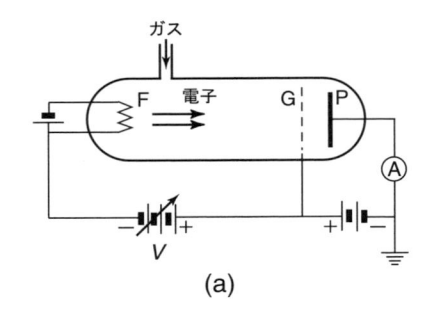

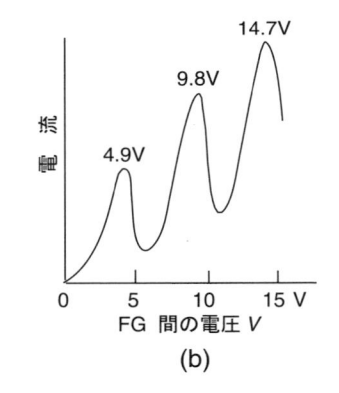

図 **4.6** フランク–ヘルツの実験

水銀原子にエネルギーが吸収されるのは，水銀が励起するからです．水銀原子は通常は基底状態にありますが，ちょうど第 1 励起準位に相当するエネルギーが与えられると励起します．第 1 励起準位のエネルギーは基底準位から 4.9 eV 上にあるはずです．そのため FG 間の電圧が 4.9 V を超えると電子のエネルギーが水銀原子に吸いとられてしまうのです．

フランクとヘルツは，水銀だけでなくネオン，アルゴン，クリプトンなどでも同様な結果を得ました．またこのようにして得られた励起エネルギーと，原子のスペクトルから得られたエネルギー準位とが正確に一致していることも確かめました．

4.4 電子の波動性

以上の結果は,まさにボーアの量子論における**定常状態の仮説の実験的証明**になっています.

4.4 電子の波動性

第1章,第2章で学んだように,物質を細かく分割していくと,ついには分子や原子になり,さらに原子は電子や原子核から構成されているということが明らかになりました.つまり**物質**は極微の**粒子**が集まって構成されていることが明らかになったのです.19世紀までの古典物理学においては,これらの粒子は古典論 (ニュートン力学とマクスウェルの電磁気学) に従って運動するものと理解されてきましたが,ボーアの量子論において,この古典論的な考え方があやしくなってきました.

一方,古典論においては,光は電磁波すなわち波動であると考えられていました.ところが20世紀に入り,**光量子 (光子)** の発見によって,光はあるときは波動であり,あるときは粒子であるという二重の性質 (**二重性**) をもつことが明らかになってきました.

このことを考えると,電子や陽子のような物質粒子は,従来は粒子と考えていたけれども,場合によっては**波動の性質 (波動性)** をもつかもしれないと考えたのがド・ブロイ (L. V. de Broglie: フランス, 1892〜1987) でした (1923).これが**ド・ブロイ波**あるいは**物質波**のアイデアでした.

ド・ブロイ波

これまで波動と考えられていた光が粒子の性質をもつならば,それまで粒子と考えられていた電子が波動の性質をもつかもしれない,というのが**ド・ブロイの物質波**です.

それならば,光の振動数 ν や波長 λ と,光子のエネルギー E や運動量 p とを結びつける**アインシュタインの関係**

$$E = h\nu, \qquad p = \frac{h}{\lambda} \tag{4.18}$$

が物質波に対しても成り立つのではないか,とド・ブロイは考えました.し

たがって，式 (4.18) の関係はしばしば**アインシュタイン − ド・ブロイの関係**とよばれます．この関係がもっともらしいということは，下のように，水素原子に対するボーアの量子論にあてはめてみるとよくわかります．

　前節の**ボーアの量子論**では，水素原子における電子の運動を原子核 (陽子) のまわりの等速円運動と考え，そのときの**量子条件**は前節の式 (4.11) でした．その式で，運動量として上の式 (4.18) のアインシュタインの関係 $p = h/\lambda$ を用いれば，

$$2\pi a = n\lambda \quad (n = 1, 2, 3, \cdots) \quad (4.19)$$

が得られます．これは電子の円軌道の**円周が**ド・ブロイ波の**波長の整数倍**でなければならないことを意味します．いいかえれば，原子の中の電子の運動に伴う**ド・ブロイ波は連続**でなければならないことを意味します．

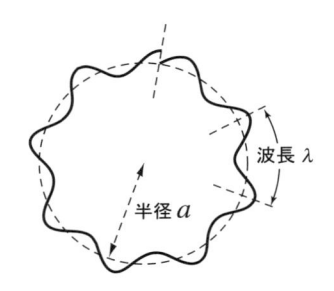

図 **4.7**　ボーアの量子条件 (定常状態の条件)．軌道の円周がド・ブロイ波の波長の整数倍でないと，波がうまくつながらない．

　つまり，ボーアの量子論における量子条件 (**定常状態の条件**) は，連続なド・ブロイ波を考えれば自然に理解することができます．

ラウエの斑点 ── X 線の波動性

　ラウエ (M. T. F. von Laue: ドイツ，1879 ～ 1960) は X 線を結晶に当てたとき，規則的に並んだ原子で回折した X 線が干渉じまを生じるということを発見しました (1914)．これによって X 線が波長の短い電磁波であることが確かめられました．この干渉じまは**ラウエの斑点**とよばれています．

　ラウエの斑点が生じる理由は次の通りです．図 **4.8** のように規則的に層をつくっている結晶に X 線を入射させます．光が鏡で反射するように，層 A に角度 θ で入射した X 線は同じ角度 θ で最も強く反射します．層 B でも同様です．層 A と層 B で反射した二つの X 線は，**光路**

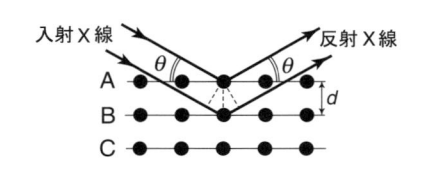

図 **4.8**　ブラッグ条件

4.4 電子の波動性

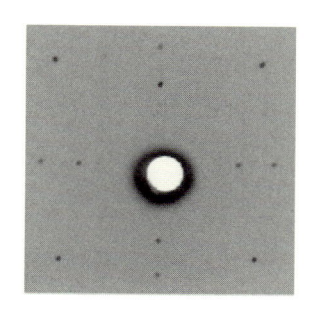

図 4.9 ラウエの斑点．シリコンの単結晶によるX線の回折像です．十字の形に並んだ黒い小斑点がラウエの斑点です．このとき，X線の波長，および原子間の距離は，ともにほぼ $1\,\text{Å} = 0.1\,\text{nm}$ の程度です．(写真は，九州大学大学院理学研究院 副島雄児 教授提供．)

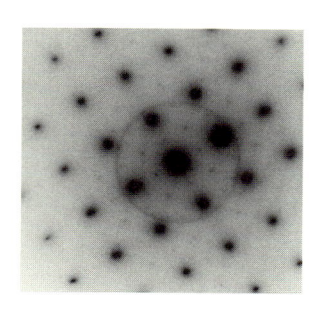

図 4.10 結晶による電子線の回折像．大・小の黒い斑点がマンガン・ニッケル合金の結晶による回折像です．この場合の波長は $0.01\,\text{Å}$ 以下で，かなり高速の電子線を使っています．(写真は，九州大学大学院理学研究院 副島雄児 教授提供．)

差がちょうど波長の整数倍となる条件

$$2d\sin\theta = n\lambda \qquad (n = 1, 2, \cdots;\ d = \text{層の間隔};\ \lambda = \text{X線の波長})$$

を満たしているとき干渉して強め合います．上の条件を**ブラッグ条件**とよびます．

いろいろな波長を連続的に含んだX線(**白色X線**)を結晶に当てると，結晶内のいろいろな原子の層がブラッグ条件を満たす波長のX線を選択的に反射するので，結晶の後方においた写真乾版に斑点を生じます．これがラウエの斑点です．**図 4.9**にその例が示されています．

電子の波動性の実証

たとえば $100\,\text{V}$ の電圧で加速したときの電子にともなうド・ブロイ波の波長は，アインシュタイン–ド・ブロイの関係から約 $1.2\,\text{Å}$ ($1\,\text{Å} = 0.1\,\text{nm}$) であり，X線の波長とほぼ同程度です．したがって，このくらいのエネルギーの電子線を結晶に当てると，ラウエの斑点と同様な干渉じまが観測されると予想されます．

実際，ニッケルの単結晶による電子線の回折・干渉現象を最初に発見したのは，デビスン (C. J. Davisson: アメリカ，1881〜1958) とジャーマー (L. H. Germer: アメリカ，1896〜1971) でした (1927)．また，同じ年に **G. P. トムソン** (G. P. Thomson: イギリス，1892〜1975) も，独立に金属多結晶による電子線の回折・干渉現象をみつけ，翌年**菊池正士** (日本，1902〜74) も雲母の薄膜によって同様な実験に成功しました．

図 4.10 に電子線の回折・干渉現象の写真の 1 例が示されています．

以上の結果から明らかなように，電子が**粒子性**と**波動性**の両方の性質をもっていることを否定することはもはやできなくなりました．

4.5　第4章のまとめ

本章で学んだことをまとめておきます．

(1) ミクロの世界においては，**古典論** (ニュートン力学とマクスウェルの電磁気学) で説明のできない現象がつぎつぎにでてきて，古典論のゆき詰まりが明らかになりました．原子の安定性や原子から放射される光の**線スペクトル**は古典論では説明がつきません．

(2) **ボーアの量子論**は，古典論にいくつかの条件 (仮説) を付加することによって，原子の構造を統一的に説明することに成功しました．

(3) **ド・ブロイの物質波**の存在が実証され，電子が**波動性**をもつことが明らかになり，連続的なド・ブロイ波を考えれば，ボーアの量子条件が自然に理解できることが明らかになりました．

以上のような結果，光も物質もともに**粒子**であり**波動**である，という**二重性**をもつことが明らかになりました．このことは，古典論を乗り越えて，物理学に新しい革命的理論が必要とされることを意味します．

演 習 問 題

4-1 ボーアの量子論によれば，水素原子の定常状態は量子数 $n = 1, 2, 3, \cdots$ で決まる．$n = 1$ が基底状態であり，$n = 2, 3, \cdots$ が励起状態である．基底

状態における水素原子の半径を a_0 (ボーア半径) とすれば, $n = 2, 10, 20$ の励起状態の半径はいくらになるか.

4-2 電子が次の運動エネルギーをもつ場合のド・ブロイ波の波長を求めよ.
$$10^{-2}\,\text{eV},\quad 1\,\text{eV},\quad 100\,\text{eV},\quad 10\,\text{keV},\quad 1\,\text{MeV}.$$

4-3 ド・ブロイ波の波長が $0.01\,\text{nm}$ のとき, (a) 電子, (b) 陽子, (c) α 粒子, の運動エネルギーはいくらであるか.

4-4 マクロの世界の「粒子」の運動に伴うド・ブロイ波について考えてみよう. 次の「粒子」のド・ブロイ波の波長を求めよ.
(1) 質量が 1 トンの自動車が時速 $60\,\text{km}$ で走っているとき.
(2) $100\,\text{g}$ の石が時速 $100\,\text{km}$ で動くとき.
(3) 直径 $10^{-7}\,\text{m}$ の煙の粒子 (密度 $= 2000\,\text{kg/m}^3$) が $200\,\text{m/s}$ の速さで動くとき.

4-5 運動量が p である電子ビームがスリット間隔 d の複スリットを通過し, スリットから距離 D の位置にあるスクリーン上に干渉じまをつくるものとする. 隣り合うしまの間隔はいくらか.

電子ビームは $50\,\text{kV}$ で加速されているものとする. d は $2\,\mu\text{m}$, D は $40\,\text{cm}$ とすると, 電子のド・ブロイ波の波長と, スクリーン上のしまの間隔とを求めよ.

量子力学への幕開き

第I部を通して，ミクロの世界における**物質**や光が粒子的性質 (**粒子性**) や波動的性質 (**波動性**) をともに示すことを学んできました．また，電子の粒子性と波動性とを同時に考えることによってボーアの量子論を組み立てることができ，そのことによって**古典論** (ニュートン力学とマクスウェルの電磁気学) ではどうしても理解することができなかった原子の安定性や原子の構造が説明できるようになりました．

物質や光の粒子性と波動性の二重の性格は，きわめて根本的な「ものの存在のあり方」の基本哲学であると，考えなくてはならないようです．これは，古典論的な考え方に慣れきっている私たちの思考法からすると，たいへん考えにくく，不思議なことのように思えます．

ヤングの実験

光が波動であることを確かめた**ヤングの実験**を，もう一度振り返ってみましょう．みやすくするために，3.8節の「第3章のまとめ」で示したヤングの実験の内容を，ここに再掲しておきます．

ヤングの複スリットの実験装置の概要は**図1**です．これは p. 85 の図 3.22 とまったく同じものです．単色で位相のそろった光は二つのスリット S_1, S_2 を通って右の衝立上に**干渉じま**を生じます．衝立上の干渉じまの写真が**図2**に示されています．この図も p.85 の図 3.23 と同じものです．この写真で **(a)** は二つのスリットの一つを閉じたとき

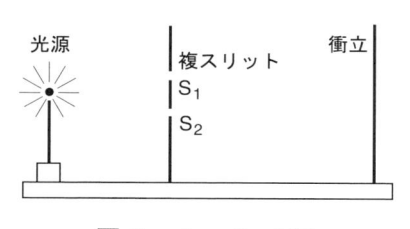

の写真であり, (b) は二つのスリットを開いたときの写真です.

この干渉じまの写真について以下で少し詳しく考えてみますが, その前に「写真」の仕組みと光の粒子 (光子) に関してちょっと勉強しておきましょう.

図 2　ヤングの実験における干渉じま

写真の原理と光の粒子

ヤングの実験の装置の図において, 衝立の上に置いてある写真フィルムが感光するのは, 光が粒子だからです. そう考えられる理由は次の通りです.

写真フィルムの原理は, 基本的には, **ハロゲン化銀**に光が当たって**銀**が析出するという**光化学反応**です. たとえば, ハロゲン化銀の 1 種である**臭化銀** (AgBr) が光で分解され,

$$AgBr \to Ag + Br$$

となって銀と臭素に分解します. 薬品で処理すると, 感光した部分の銀だけが残って黒くなり, ネガ (明暗が逆の像) ができるという仕組みです.

ハロゲン化銀の光分解反応は, 大ざっぱにいって, 1 分子あたり約 2 eV 以上のエネルギーが必要とされます. つまり臭化銀 (AgBr) やヨウ化銀 (AgI) などの一つの分子に光からのエネルギーが 2 eV 以上蓄積しないと感光しないわけです. この値は, 3.6 節で学んだ**光電効果**の場合の**仕事関数**の値と同程度です. したがって p.79 で行った光電効果が起きる時間についての議論がここでもそのまま成り立ちます. つまり, 光電効果の場合と同様に, 上記のハロゲン化銀の光分解反応が起きる時間を古典論で考えると, 写真フィルムの感光にはかなり長い時間がかかってしまうことになります. ところが実際のフィルムは 1/100 秒 とか 1/1000 秒 のシャッタースピードで撮影できます. つまり, 光が粒子 (光子) となってハロゲン化銀を一瞬に光分解すると考えないと説明がつかないのです.

謎の二重性

　ヤングの実験で得られた干渉じまが写った写真フィルムは，細かくみると，光子が当たったハロゲン化銀の分子が分解し，銀の原子が析出したものです．これらの銀の原子が集まって干渉じまができあがっているのです．つまり，私たちは**光の粒子 (光子)** が残した「痕跡」をみているのです．これらは光子の 1 個 1 個の「痕跡」の集まりです．「痕跡」の一つ一つは「**粒子**」の跡です．しかしそれらが集まると「**波動**」の特徴である干渉じまとなるのです．これはいったいどういう「からくり」なのでしょう．

　光を単純な粒子と考えると，一つの光子が同時に二つのスリットを通ることは不可能であり，干渉じまができるはずはありません．光が単純な粒子ならば，複スリットの場合は一つだけのスリットの場合の写真 (**図 2(a)**) をスリットの間隔 d だけずらして重ね合わせた写真となるはずですが，実際には (**図 2(b)**) のように**干渉じま**のある写真となります．そうすると，光は単純な粒子ではなく，なんらかの**波動性**をもっているはずです．

　古典論のように光が純粋な波動であるとするならば，すでに述べたように，写真は写らないことになります．光が**粒子性**と**波動性**の**二重の性質**を兼ね備えていることを否定することはできません．いったい光のどこが粒子で，どこが波動なのでしょう．

　複スリットの場合，二つのスリットを別々に通った二つの光子がお互いに干渉し合って，その結果衝立の上に干渉じまができるのではないか，と思われるかもしれませんが，この考えは成り立ちません．毎時刻に 1 個ずつの光子しか走らないくらいのきわめて弱い光の場合には，二つのスリットを同時刻に別々に光子が通ることはないので，別々の光子のあいだで干渉が生じることはないはずですが，このような弱い光でも，フィルムを長時間露光しておくと，ちゃんと同じ干渉じまが写ります．露光時間が 3 か月間にもなるようなきわめて弱い光でも，まったく同じ干渉じまが現れるという実験が，すでに 1909 年に実際に行われました．したがって，**別々の光子のあいだで干渉が起こって干渉じまができるのではありません**．では，どうして干渉じまができるのでしょう．

量子力学への幕開き

　私たちは，光の**粒子性**と**波動性**との深刻な矛盾に突き当たってしまいました．この矛盾は光だけではありません．電子でも同じことです．

　この矛盾を完全に解決するためには，古典論を乗り越えたまったく新しい理論が建設されなければなりませんでした．それが**ハイゼンベルク** (W. K. Heisenberg: ドイツ, 1901〜76) や**シュレーディンガー** (E. Schrödinger: オーストリア, 1887〜1961) による**量子力学**でした (1926).

　量子力学によって，光や電子の粒子性と波動性の謎も解くことができ，原子の構造も明らかになりました．皆さんも，本書第II部へ進んで，量子力学という次のステップへ挑戦していただきたいと思います．

第II部

量子力学入門

第5章　シュレーディンガーの波動力学

本書の第I部「原子の世界の謎」で学んだように，光や電子は粒子性と波動性をともに兼ね備えた謎の存在であることが明らかになりました．これは古典論 (ニュートン力学とマクスウェルの電磁気学) ではとうてい理解しにくい謎でした．この謎を解く革命的な理論が「量子力学」でした．第II部「量子力学入門」では，その考え方の基本を学ぶことにしましょう．

5.1　ボーアの量子論とド・ブロイ波

第I部 4.3 節 (p.93) において，古典論では説明が困難であった原子の構造が，ボーアの原子構造論によってみごとに統一的に説明できるようになったことを学びました．この理論は**ボーアの量子論**とか**前期量子論**ともよばれています．

ボーアの量子論の要点を簡単にまとめておきましょう．

原子は，重い原子核の周囲を軽い電子がとり巻いているという**ラザフォードの有核原子模型**で表されるものとします．原子核の周囲の電子は古典論 (ニュートン力学とマクスウェルの電磁気学) に従って運動していると考えます．

上の有核原子模型だけでは困難が生じるので，これにボーアの量子論の三つの条件 (仮説) が加えられます．すなわち，**定常状態の仮説**，**振動数条件**，**量子条件**です．

ラザフォードの有核原子模型の概念図は図 5.1 の通りです．

中心の黒いかたまりが**原子核**です．電子 (小さい点) は原子核のまわりをとり巻いて運動しています．原子の半径は 1Å (= 0.1 nm) の程度であるのに対し，原子核の半径はその 1/10000 以下と考えられます．

このボーアの量子論によって，原子の構造，とくに水素原子のエネルギー，大きさ，安定性，スペクトルなどを含む構造が，みごとに説明できるようになりました．

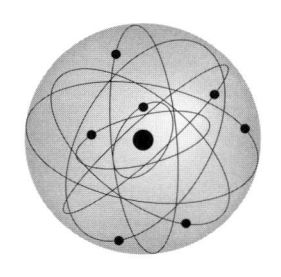

図 5.1 ラザフォードの原子模型のイメージ

ド・ブロイ波

光の粒子性 (光子) の発見により，従来，波動と考えられていた光が，粒子の性質をもつことがわかりました．それならば，これまで粒子と考えられていた**電子が波動の性質をもつ**かもしれない，とド・ブロイ (L. V. de Broglie: フランス，1892～1987) は考えました (1923)．これが，**ド・ブロイ波**，または**ド・ブロイの物質波**のアイデアです (p. 99 参照)．

光の場合，その振動数 ν や波長 λ と，光子のエネルギー E や運動量 p とを結びつける**アインシュタインの関係**

図 5.2 ド・ブロイ

$$E = h\nu, \qquad p = \frac{h}{\lambda} \tag{5.1}$$

が成り立ちます．ド・ブロイは，式 (5.1) がド・ブロイ波に対しても成り立つのではないかと考えました．それで，上の関係式はしばしば**アインシュタイン − ド・ブロイの関係**とよばれます．

ド・ブロイ波の実証

電子の運動に伴ってド・ブロイ波が存在し，その波動がアインシュタイン–ド・ブロイの関係を満たすということは，**デビソン** (C. J. Davisson: アメリカ, 1881〜1958) と**ジャーマー** (L. H. Germer: アメリカ, 1896〜1971)，および **G. P. トムソン**によって実験的に確かめられました (1927). (p.101 の結晶による電子線の回折像 図 **4.10** を参照.)

さらに，**シュテルン** (O. Stern: ドイツ，アメリカ, 1888〜1969) はヘリウム原子や水素分子を結晶に照射し，その反射波がつくる干渉じまを観測し，そのしまの間隔がアインシュタイン – ド・ブロイの関係にぴったり合致するということを確認し，電子だけでなく一般の物質粒子にともなうド・ブロイ波を実証しました (1929).

ボーアの量子条件とド・ブロイ波

ボーアの量子論で水素原子を考えましょう．このときの**量子条件** (定常状態を決定する条件) は，原子核の周囲の電子の軌道の長さ (円周) がド・ブロイ波の波長の**整数倍**でなければならない，という条件と同等であることを，すでに p.100 で学びました (図 **5.3** 参照). 軌道の円周がド・ブロイ波の波長の整数倍でないと，波が滑らかにつながらず，連続な定在波ができません．

いいかえれば，原子核の周囲の電子の運動に伴うド・ブロイ波が「**滑らかにつながった定在波となる**」ということが，定常状態の条件であると考えられます．

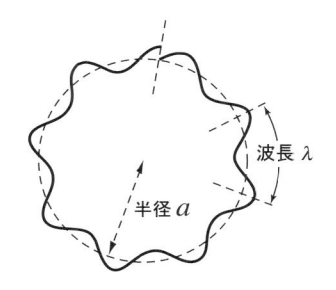

図 **5.3** ボーアの量子条件 (定常状態の条件). 軌道の円周がド・ブロイ波の波長の整数倍でないと，波がうまくつながらない．

つまり，ボーアの量子論における量子条件は，滑らかにつながった連続的なド・ブロイ波を考えれば自然に理解することができます．

このように考えると，ド・ブロイ波はボーアの量子論の背後にあって，より**本質的な役割**をになっているように思われます．したがって，ド・ブロイ波

の本格的な理論が建設され，ボーアの原子構造論はその理論から必然的に導きだされるような，そのような根本的な理論が望まれます．次節以降で学ぶ**シュレーディンガーの波動力学**（＝量子力学）こそ目標とする理論なのです．

5.2　波動についての"おさらい"

シュレーディンガーの波動力学について勉強する前に，ちょっとだけ波動について勉強（おさらい）をしておきましょう．

簡単な波動

簡単のためしばらくのあいだ**一次元空間**を考えましょう．たとえば，ギターや琴のような弦の中を伝わる振動を考えるわけです．弦の振動の大きさ F は図 5.4 のように位置 (x) と時刻 (t) の関数 $F(x,t)$ です．

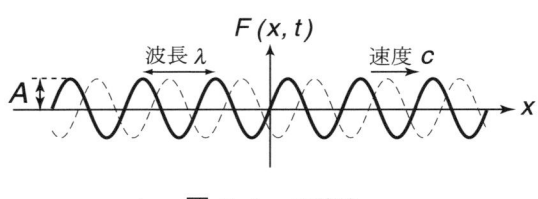

図 5.4　正弦波

この図には右方向に進行する**正弦波**（最も簡単な波動）

$$F(x,t) = A\sin(kx - \omega t) \tag{5.2}$$

が描かれています．実線の波は時刻が $t=0$ のとき，破線はそれより少しあとの時刻の波です．この波の**波長**を λ, **振動数**を ν とすると，

$$k = \frac{2\pi}{\lambda}, \qquad \omega = 2\pi\nu \tag{5.3}$$

です．k は**波数**，ω は**角振動数**とよばれます．また波が進行する**速度** c は

$$c = \lambda\nu = \frac{\omega}{k} \tag{5.4}$$

となります．

通常の波動方程式

弦の中を伝わる波動 $F(x,t)$ が従う**波動方程式**が

$$\frac{1}{c^2}\frac{\partial^2 F}{\partial t^2} = \frac{\partial^2 F}{\partial x^2} \tag{5.5}$$

と書かれることはよく知られています．記号 ∂ は**偏微分**を意味します．偏微分は，$F(x,t)$ のように変数が二つ以上ある関数の，特定の変数のみに関する変化率を意味します．たとえば，$\partial F/\partial t$ は x を固定したまま F を t で微分することを意味します．他方，$\partial F/\partial x$ は t を固定したままで x で微分するわけです．

波動方程式 (5.5) の中の定数 c は波の進行速度で，弦の線密度や弦の張力に依存します．

式 (5.2) の正弦波が式 (5.5) の波動方程式を満たすことはいうまでもありません．つまり，正弦波 (5.2) は波動方程式 (5.5) の特別な解です．

上の式 (5.5) は弦という**一次元空間**の中を伝わる振動の波動方程式です．**三次元空間**の場合，たとえば空気中の波動 (音波) や，真空中の電場や磁場すなわち電磁波 (光) の場合には，三次元の座標 (x, y, z) が必要です．したがって，この場合の波動 F は四つの変数 x, y, z, t の関数 $F(x, y, z, t)$ となり，このときの波動方程式は

$$\frac{1}{c^2}\frac{\partial^2 F}{\partial t^2} = \frac{\partial^2 F}{\partial x^2} + \frac{\partial^2 F}{\partial y^2} + \frac{\partial^2 F}{\partial z^2} \tag{5.6}$$

となります．定数 c は，音波のときは**音速**，電磁波 (光) のときは**光速**です．

重ね合わせの原理

波動方程式 (5.5) (または (5.6)) はたいへん一般的な形ですから，これだけでは波の形 (波形) を決めることはできません．たとえば，時刻が $t = 0$ のときの波形 (初期条件) が与えられると，そのあとの波の動きは波動方程式 (5.5) (または (5.6)) で決めることができます．

しかし，これらの波動方程式には**波動**という性質にとって欠くべからざるたいへん大事な性質があります．それは**重ね合わせの原理**です．下で詳しく説明しましょう．

いま, 関数 $F(x,t)$ が式 (5.5) の波動方程式を満たす波動であるとしましょう. 同じく別の関数 $G(x,t)$ が同じ波動方程式を満たす別の波動であるとしましょう. すなわち,

$$\frac{1}{c^2}\frac{\partial^2 F}{\partial t^2} = \frac{\partial^2 F}{\partial x^2}, \quad \frac{1}{c^2}\frac{\partial^2 G}{\partial t^2} = \frac{\partial^2 G}{\partial x^2} \tag{5.7}$$

です. このとき, これら二つの波動をたし算した (重ね合わせた) $F+G$ もまた同じ波動方程式を満たす波動です. つまり,

$$\frac{1}{c^2}\frac{\partial^2 (F+G)}{\partial t^2} = \frac{\partial^2 (F+G)}{\partial x^2} \tag{5.8}$$

が成り立ちます.

つまり,「同一の波動方程式を満たす複数の波動をたし算して重ね合わせたものも, やはり同じ波動方程式を満たす波動である」という重ね合わせの原理が成り立ちます.

例 1 (定在波)

右方向に進行する正弦波

$$F(x,t) = \sin(kx - \omega t)$$

も, 左方向に進行する正弦波

$$G(x,t) = \sin(kx + \omega t)$$

も, ともに弦の波動方程式 (5.5) を満たします. したがって, これらを重ね合わせた波

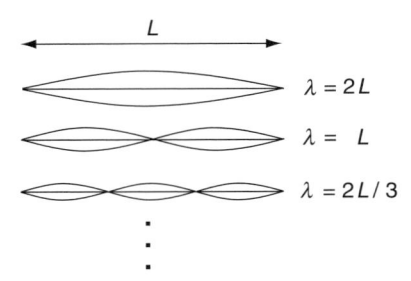

図 5.5 長さ L の弦の固有振動. 両端の固定点がつねに振動の 0 点となるために, 波長 λ が $2L, 2L/2, 2L/3, \cdots$ の固有振動のみが可能です.

$$F + G = \sin(kx - \omega t) + \sin(kx + \omega t) = 2\sin kx \cos \omega t$$

もまた弦の波動方程式 (5.5) を満たします. この波は左右どちらにも進行しない**定在波**です. 両端を固定した弦の振動はこの種の波です (**図 5.5** 参照).

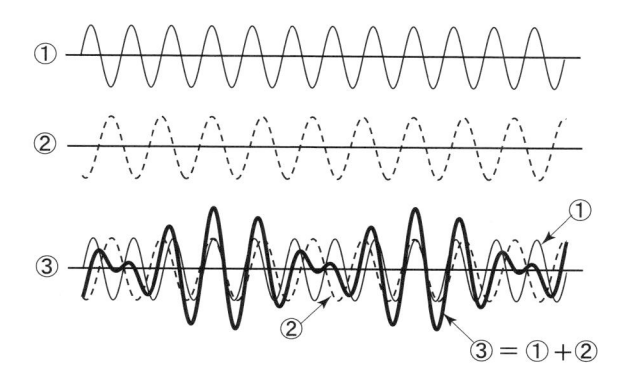

図 5.6 二つの正弦波の重ね合わせ，干渉．波長が少し異なる二つの正弦波①と②を重ね合わせたものが③の太い実線です．干渉現象が起きています．

例 2（干渉）

波数（あるいは波長）が異なる二つの正弦波

$$F(x,t) = \sin(kx - \omega t), \qquad G(x,t) = \sin(k'x - \omega' t), \qquad c = \frac{\omega}{k} = \frac{\omega'}{k'}$$

を重ね合わせると，二つの波が位置によって強め合ったり弱め合ったりします．これが**干渉**です(**図 5.6** 参照)．干渉が起きるということは，重ね合わせの原理が成り立つということを意味し，**波動性**の現れであると考えられます．

5.3 シュレーディンガー方程式

シュレーディンガー (E. Schrödinger: オーストリア, 1887～1961) はド・ブロイの物質波 (ド・ブロイ波) のアイデアに興味をもち，この波動がどのような方程式で記述されるのか検討した結果，一つの波動方程式を得ました (1926)．これが**シュレーディンガーの波動方程式**です．通常は単に**シュレーディンガー方程式**とよばれています．

シュレーディンガー方程式は，現在では，ミクロの世界を支配する革命的な新力学，**量子力学の基本方程式**となりました．それはちょうど，ニュートンの運動方程式がマクロの世界を支配する古典力学(ニュートン力学)の基本方程式であ

るのと対比されます.

シュレーディンガー方程式を解くことによって, ボーアの量子論の結果もすべて完璧に導くことができました. そしてミクロの世界の謎がつぎつぎに解決されていきました.

自由粒子のシュレーディンガー方程式

簡単のため一次元空間を考えましょう.

力がまったく働いていない粒子 (**自由粒子**) を考えます. 自由粒子は一定速度で運動する最も単純な運動です.

図 **5.7** シュレーディンガー

ミクロの世界では, 粒子は粒子性と波動性とを兼ね備えた存在であるといいました.

では, 自由粒子の**粒子性**はどのように表されるでしょう. 速度 v で走っている質量 m の粒子の**運動量**は $p = mv$ です. このときの**エネルギー**は

$$E = \frac{1}{2}mv^2$$

ですから, いうまでもなく E と p との関係は

$$E = \frac{1}{2m}p^2 \tag{5.9}$$

です. これらの粒子としての運動を表現する量 p と E が, 粒子性を特徴づけています.

一方, 粒子の運動に伴うド・ブロイ波の**波長**を λ, **振動数**を ν とすると, これらの λ と ν が**波動性**を特徴づける量です.

上記の粒子性, 波動性を特徴づける量のあいだの関係は**アインシュタイン–ド・ブロイの関係**

$$p = \frac{h}{\lambda}, \qquad E = h\nu \tag{5.10}$$

です.

5.3 シュレーディンガー方程式

さて, 粒子の運動に伴うド・ブロイ波を表す関数を $\Psi(x,t)$ と書き, **波動関数**とよびます. シュレーディンガーは粒子性の関係式 (5.9) を考慮しながら, 波動関数 $\Psi(x,t)$ が満たすべき波動方程式

$$i\hbar\frac{\partial \Psi}{\partial t} = -\frac{\hbar^2}{2m}\frac{\partial^2 \Psi}{\partial x^2} \tag{5.11}$$

を提案しました. ただし, プランク定数 h の代わりにそれを 2π で割り算した

$$\hbar = \frac{h}{2\pi}$$

が使われています (アルファベットの h に横棒が付いているので「エッチ・バー」と発音します). 今後もしばしばお目にかかります.

波動方程式 (5.11) が**自由粒子に対するシュレーディンガー方程式**です. この波動方程式が考案された考え方については, 以下で少し詳しく説明します. 面倒だと思われる方は読み飛ばして下さい.

シュレーディンガー方程式の考え方

シュレーディンガーの**波動方程式**がどのような考え方で導かれるかということについて説明しましょう. 話をわかりやすくするために, 以下では, 実際にシュレーディンガーが考察したものとは少し異なった筋道で話を進めます.

簡単のため一次元空間において, 力がまったく働いていない粒子 (自由粒子) を考えます. 自由粒子は一定速度で運動する最も単純な運動です.

ミクロの世界では, 物質粒子は粒子性と波動性とを兼ね備えた存在です.

質量 m の自由粒子が, 粒子として運動するとき, その運動のようすは**運動量** p と**運動エネルギー** E によって記述され, それらは関係式 (5.9) を満たします.

一方, 粒子性と波動性を特徴づける量のあいだの関係は**アインシュタイン – ド・ブロイの関係** (5.10) です.

さて, 自由粒子の運動は最も単純な運動ですから, それに伴うド・ブロイ波も, とりあえず最も簡単な**正弦波**であると仮定してみましょう. いまド・ブロイ波を表す波動関数を $\Psi(x,t)$ としましょう. つまり, 自由粒子の波動関数を

$$\Psi(x,t) = \sin(kx - \omega t) \tag{5.12}$$

と表してみましょう．k は**波数**，ω は**角振動数**です．波長 λ，振動数 ν とのあいだの関係は

$$k = \frac{2\pi}{\lambda}, \qquad \omega = 2\pi\nu \tag{5.13}$$

です．波動関数 (5.12) をアインシュタイン – ド・ブロイの関係 (5.10) と式 (5.13) とを使って書き直すと，

$$\Psi(x,t) = \sin\left(\frac{p}{\hbar}x - \frac{E}{\hbar}t\right) \tag{5.14}$$

となります．上の波動関数 (5.14) が 5.2 節の「波動についての"おさらい"」で議論した「通常の波動方程式」

$$\frac{1}{c^2}\frac{\partial^2 \Psi}{\partial t^2} = \frac{\partial^2 \Psi}{\partial x^2} \tag{5.15}$$

に従うものと考えて，式 (5.14) を式 (5.15) に代入すると，関係式 $E^2 = c^2 p^2$ が得られます．この式は エネルギー E と運動量 p とのあいだの関係式 (5.9) とは異なっていて，望ましいものとはいえません．このようになった理由は，波動方程式として通常の波動方程式 (5.15) を仮定したからです．

それでは，どのような形の波動方程式を考えればよいのでしょう．波動関数 (5.14) を t で 1 回微分すると E が現れ，x で 2 回微分すると p^2 が現れます．したがって，運動量 p と運動エネルギー E とのあいだの関係式 (5.9) を考え合わせると，波動方程式は t に関する 1 次微分と x に関する 2 次微分とで構成するのがよいでしょう．つまり求める波動方程式は

$$A\frac{\partial \Psi}{\partial t} = \frac{\partial^2 \Psi}{\partial x^2} \tag{5.16}$$

の形になると思われます．しかしこの形の方程式の場合，式 (5.14) のような正弦波だけでは解をつくることができません．なぜなら，sin 関数は 1 回微分すると cos 関数になり，2 回微分すると sin 関数に戻るからです．何回微分しても微分するたびに元の形に戻るような簡単な関数は sin 関数と cos 関数を組み合わせて，

$$\Psi(x,t) = \cos\left(\frac{p}{\hbar}x - \frac{E}{\hbar}t\right) + i\sin\left(\frac{p}{\hbar}x - \frac{E}{\hbar}t\right)$$

$$= e^{i(px - Et)/\hbar} \tag{5.17}$$

とするのが最も簡単です．これを**自由粒子の波動関数**と考え，式 (5.16) に代入し，式 (5.9) を使って

$$A = -\frac{i}{\hbar}\frac{p^2}{E} = -\frac{2mi}{\hbar}$$

が得られるので,この結果を式 (5.16) に代入し形を整理すると,自由粒子に対して望ましい波動方程式は

$$i\hbar \frac{\partial \Psi}{\partial t} = -\frac{\hbar^2}{2m} \frac{\partial^2 \Psi}{\partial x^2} \tag{5.18}$$

であると考えられます.この方程式こそ,シュレーディンガーによって初めて導入された**自由粒子に対するシュレーディンガー方程式**です.

自由粒子の波動関数

シュレーディンガー方程式 (5.11) の最も簡単な解は

$$\Psi(x,t) = \cos\left(\frac{p}{\hbar}x - \frac{E}{\hbar}t\right) + i \sin\left(\frac{p}{\hbar}x - \frac{E}{\hbar}t\right)$$

$$= e^{i(px-Et)/\hbar} \tag{5.19}$$

です.これが自由粒子の波動関数です.このようにシュレーディンガー方程式の解,すなわち**波動関数**は一般に**複素数**となります.これはなんだか変ですね.

もともと波動関数はド・ブロイ波を表すものと考えました.それが複素数であるということは,一体,波動関数は何なのでしょう.

シュレーディンガー方程式 (5.11) の中に**虚数単位** i が入っているから,その解の波動関数が複素数になるのは当然です.それではシュレーディンガー方程式 (5.11) は間違っているのでしょうか.いやそうではありません.実は波動関数には思いもよらない深い意味があったのです.そのことはあとでわかります.波動関数の「深い意味」についてはあとで学ぶことにして,しばらく不問にしておきましょう.

力が作用している場合のシュレーディンガー方程式

自由粒子のエネルギーと運動量の関係式 (5.9) とシュレーディンガー方程式 (5.11) とを比べると,

$$E \to i\hbar \frac{\partial}{\partial t}, \qquad p \to -i\hbar \frac{\partial}{\partial x} \tag{5.20}$$

と対応しています。つまり、式 (5.9) において、エネルギー E と運動量 p を式 (5.20) のように**微分演算子**でおきかえて、その結果を波動関数 Ψ に**作用 (演算)** させるとシュレーディンガー方程式 (5.11) が得られる、という仕組みになっています。

次に、粒子に力が働いている場合を考えましょう。

力のポテンシャルを $V(x)$ としましょう。この場合のエネルギー E と運動量 p との関係は**エネルギー保存則**

$$E = \frac{1}{2m}p^2 + V(x) \tag{5.21}$$

です。この関係式 (5.21) において式 (5.20) のおきかえを行って、その結果を波動関数 Ψ に作用させると、波動方程式

$$i\hbar \frac{\partial \Psi}{\partial t} = -\frac{\hbar^2}{2m} \frac{\partial^2 \Psi}{\partial x^2} + V(x)\Psi \tag{5.22}$$

が得られます。これが力が作用している場合の**一般的なシュレーディンガー方程式**です。

三次元空間におけるシュレーディンガー方程式

現実的な問題に対しては式 (5.22) のシュレーディンガー方程式を三次元空間に拡張しなければなりません。この場合の力のポテンシャルは座標 (x, y, z) の関数であり、波動関数は変数 (x, y, z, t) の関数となります。そしてシュレーディンガー方程式は

$$i\hbar \frac{\partial \Psi}{\partial t} = -\frac{\hbar^2}{2m} \left\{ \frac{\partial^2 \Psi}{\partial x^2} + \frac{\partial^2 \Psi}{\partial y^2} + \frac{\partial^2 \Psi}{\partial z^2} \right\} + V(x, y, z)\Psi \tag{5.23}$$

と書かれます。

難問が残った！

上に示した**シュレーディンガー方程式**をさまざまな系 (たとえば水素原子) に適用し、その結果が実験データにみごとに一致することがわかり、シュレー

ディンガー方程式が量子力学の基本方程式であり，ミクロの世界を支配する基本原理であることがわかってきました．たしかにこの基本方程式を使ってミクロの世界のさまざまな構造が，みごとに説明できましたが，しばらくのあいだは波動関数が何を意味するのか明確でなく，「**波動関数の解釈**」という難問が残され，尾を引くことになりました．

5.4 ハイゼンベルクの考え方

前節で述べたシュレーディンガーの波動力学が発表されたのとほとんど同じころ，**ハイゼンベルク** (W. K. Heisenberg: ドイツ，1901〜76) は，のちに**行列力学**とよばれるようになった新しい理論を提唱しました (1925)．

質量 m の粒子の運動を考え，その運動量を p，位置を q という変数で表すことにしましょう．古典力学においては，ニュートンの運動方程式によって，粒子の位置 q や速度 v あるいは運動量 $p = mv$ が時間とともにどのように変化するかが決まります．つまり，粒子は時間とともに速度 (運動量) を変化させながら一つの**軌道**を描いて運動します．したがって，粒子の運動量 p と位置 q によって運動の軌道や状態を完全に記述できるわけです．

図 5.8 ハイゼンベルク

ハイゼンベルクの行列力学

上に述べた古典力学における変数 p や q は，ごく普通の変数です．p と q を掛け算するとき，掛け算の順番をひっくり返しても答は同じです．つまり

$$pq = qp$$

です．ところがハイゼンベルクの理論においては掛け算の順番によって結果が異なるのです．普通の変数の場合，このようなことはありません．ハイゼ

ンベルクの理論においては, **物理量を表す変数が普通の変数ではなく, 数学でよく知られた行列である**と主張します. そこで以下ではハイゼンベルクの変数を**太字**で表すことにします.

行列は多数の**要素**から成っていて,

$$\boldsymbol{a} = \begin{pmatrix} a_{11} & a_{12} & a_{13} & \cdots \\ a_{21} & a_{22} & a_{23} & \cdots \\ a_{31} & a_{32} & a_{33} & \cdots \\ \vdots & \vdots & \vdots & \ddots \end{pmatrix}$$

のように表されます. 行列も, 普通の数と同様に, 四則演算 (和, 差, 積, 商) を定義することができますが, たとえば運動量を表す行列 $\boldsymbol{p}$ と位置を表す行列 $\boldsymbol{q}$ との積の場合, 順番によって結果が異なり,

$$\boldsymbol{pq} \neq \boldsymbol{qp}$$

なのです. ハイゼンベルクはこの二つの積の差を

$$\boldsymbol{pq} - \boldsymbol{qp} = -i\hbar \boldsymbol{I} \tag{5.24}$$

としました. (ただし, i は虚数単位, $\boldsymbol{I}$ は**単位行列**です.)

ハイゼンベルクは, 古典力学の方程式の中の通常の変数を上に述べた行列の変数でおきなおし, その上で式 (5.24) の条件を加えることによって, 水素原子のスペクトルの振動数と強度を正しく与えることができました. その結果は, **シュレーディンガーの波動力学**の結果とまったく同じでした.

一見, 何の共通点もなさそうなハイゼンベルクの**行列力学**とシュレーディンガーの**波動力学**とが, 同じ結果をもたらすということは驚嘆すべきことでした. しかし, シュレーディンガーは波動力学と行列力学とが数学的に**同等**であり, 互いに一方から他方を導きだすことができることを示しました (1926).

線で描いた軌道をやめよう —— 常識を捨てるべし

ここまで学んできたことを振り返ってみると, 古典力学における粒子の運動の**軌道**という概念は, **ミクロの世界**では通用しないのではないか, と思われます.

5.4 ハイゼンベルクの考え方

私たちの常識では，粒子は**点**と考えられ，粒子の運動は時間とともに変化する点の**位置**と，各点における**速度**（または**運動量**）で表されました．つまり，点が動いて線となって**軌道**が描け，その軌道上の各点において粒子の運動量が決まっているという考え方です．これが私たちの世界，すなわち**マクロの世界の常識**です．

ところが，シュレーディンガーの波動力学では，物質粒子は**粒子**として運動するだけでなく，ド・ブロイ波という**波動**も伴っています．ハイゼンベルクの行列力学では，粒子の位置や運動量は，もはや普通の量ではなく，**行列**であるといいます．

そうすると，どうやら，これらの位置や運動量はもはや私たちが考える常識的な「きっちりとした一つの値」をもつ量とは限らないことになります．ミクロの世界では「**常識を捨てなさい**」と量子力学はいっているようです．

人類が長年月のあいだ慣れ親しんできた，そして誰も疑うことがなかったこのような常識を，ミクロの世界では捨ててもかまわないのでしょうか．

ハイゼンベルクの不確定性原理

上に述べたように，ミクロの世界では「常識は捨ててもかまわない」，とハイゼンベルクは主張しました (1927)．その根拠が以下で説明する**ハイゼンベルクの不確定性原理**です．これを説明するために，ガモフ (G. Gamow: ロシア，アメリカ，1904～68) が用いたおもしろいイラストを借用しましょう（図 **5.9** 参照）．

図はガモフの啓蒙書『物理学を震撼させた30年 (Thirty Years That Shock Physics, 1966)』[日本語訳『現代の物理学 ― 量子論物語 ―』(中村誠太郎訳；河出書房 1967)] において，ハイゼンベルクの不確定性原理を説明するために用いられたたいへんおもしろい図です．著者のガモフについては，あとで「原子核のアルファ崩壊」の節でお目にかかれます．

図 **5.9** の仮想的実験について考えましょう．

完全に真空にした部屋の中で，鉄砲から水平に発射された電子は，**重力**によって鉛直下方に力を受けるものとします．

まず**古典論**（ニュートン力学とマクスウェルの電磁気学）で考えましょう．

ニュートン力学によれば電子は放物線を描いて落下するはずです．この軌道を望遠鏡で精密に測定します．測定するために，時々光源のランプを点灯して，電子に光を当てます．光は電子に圧力を加えるので，電子の軌道が歪められないようにきわめて弱い光にしましょう．古典論では，光の強度に**下限はありません**から，限りなく弱い光を当てることは可能です．その結果，測定された電子の軌道は限りなく放物線に近くなり，私たちの常識を実験的に確かめることができるはずです．

しかし，光が粒子(**光子**)であることを考えるとそうはいきません．光の振動数をν，波長をλとしましょう．光はエネルギー$h\nu$，運動量h/λをもった粒子として電子に衝突します．衝突された電子は最大で$\Delta p = h/\lambda$程度の運動量を受けとり，その結果軌道が歪みます．軌道の歪を限りなく小さくするためには，Δpを限りなく小さくするとよいでしょう．ということは光の波長λを限りなく大きくすることになります．波長λが望遠鏡の大きさよりも大きくなると，もはや電子の位置を識別できなくなります．つまり電子の**位置のあいまいさ(誤差)** Δxは光の波長λの程度です．したがって，電子の**運動量のあいまいさ(誤差)** Δpは

$$\Delta p = \frac{h}{\lambda} \approx \frac{h}{\Delta x}$$

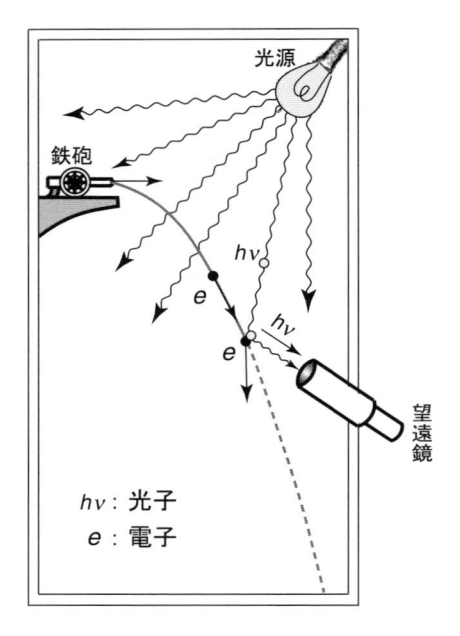

図 **5.9** 不確定性原理を説明するためのガモフの仮想実験装置

となり，

$$\Delta x \Delta p \approx h \tag{5.25}$$

の関係が成り立ちます．この関係式(5.25)が**ハイゼンベルクの不確定性原理**

です.
　つまり，電子の位置のあいまいさ (**不確定性**) を小さくしようとすれば，運動量の不確定性が大きくなり，逆に，電子の運動量の不確定性を小さくしようとすれば，位置の不確定性が大きくなってしまうわけです．位置と運動量の両方の測定値を「きっちりとした値」に確定することはできないということです．
　上であいまいさ (**誤差**) といいましたが，これは実験装置や測定器が貧弱であったり，目盛りの読み誤りなどによる測定誤差ではありません．実験装置は完璧で測定は理想的に正確に行われていると仮定しても，用いた光の粒子性と波動性の二重性による本質的な誤差 (不確定性) が生じるのです．

ハイゼンベルクとボーアの主張

　ハイゼンベルクとボーアは，さまざまなケースに対するこのような仮想的な実験 (**思考実験**) を行い (考え)，どんな場合でも上記の式 (5.25) の不確定性原理を越えて正確な位置と運動量を確定することはできないという結論に達しました．
　したがって，ミクロの世界では位置や運動量は「きっちりとした値」をもつ普通の変数であると考える必要はなく，粒子が線で描けるような軌道をもつという**古典論的な常識**は捨ててしまってもかまわないと主張したわけです．

5.5　波動関数の意味

　前々節 (5.3 シュレーディンガー方程式) で学んだように，量子力学の基本方程式はシュレーディンガー方程式です．これは，古典力学のエネルギーと運動量との関係式と矛盾しない形の波動方程式として導入されました．その結果，ド・ブロイ波を表すと考えられる**波動関数** $\Psi(x,t)$ が複素数になってしまいます．複素数の物理量は考えられません．いったい，波動関数は何を意味するのでしょう．

波動関数の解釈については，いろいろな考えが提案されました．なかでも**ボルン** (M. Born: ドイツ，イギリス，1882〜1970) によって提案された**確率解釈** (統計的解釈) が矛盾がなくて，いまでは最も正統的な解釈とされ，この考え方に基づいて量子力学のすべての理論が組み立てられています．

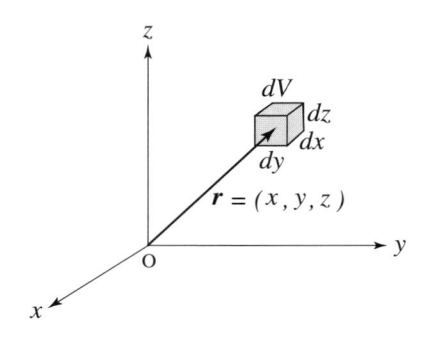

図 5.10 空間中の微小体積 dV の中の "存在確率"

波動関数の確率解釈

図 **5.10** のように三次元空間の中で，座標 (x, y, z) の点の近傍の 3 辺の長さがそれぞれ dx, dy, dz の微小体積 (直方体) $dV = dxdydz$ を考えます．時刻 t において，この微小体積の中に**粒子が見いだされる確率**，すなわち粒子の**"存在確率"** を $P(x, y, z, t)\, dxdydz$ としましょう．$P(x, y, z, t)$ は点 (x, y, z) の近傍の単位体積あたりの確率ですから，しばしば**確率密度**とよばれます．

[注意]

上で粒子の **"存在確率"** という言葉を用いました．しかし，これは，たとえば電子がつねに粒子の形で，粒子の姿をして存在し，ただその運動が確率的である，ということを意味するものではありません．電子はあくまで「粒子」と「波動」の両方の性質をもった存在であり，「粒子」だけの性質をもつわけではありません．ここでいう **"存在確率"** とは，「粒子」を観測したとき**見いだされる確率**を意味します．誤解を避けるため引用符 " " で囲んでおきます．

ボルンの確率解釈は，「粒子の **"存在確率"** の確率密度は波動関数の絶対値の 2 乗に等しい」と主張しています．すなわち，図 **5.10** の微小体積 dV 内に粒子が見いだされる確率は

$$
\begin{aligned}
(\text{粒子の "存在確率"}) &= P(x, y, z, t)\, dx\, dy\, dz \\
&= |\Psi((x, y, z, t)|^2\, dx\, dy\, dz \quad (5.26)
\end{aligned}
$$

であると考えます．波動関数 $\Psi(x, y, z, t)$ そのものは一般には複素数の値で

すが，その絶対値の 2 乗をとりますから，"存在確率" はつねに正 (または 0) となって，困ることは起きません．

波動関数の規格化

　任意の時刻 t において，粒子は空間のどこかに存在するはずですから，式 (5.26) の粒子の "存在確率" を全空間にわたって積分すると，すなわち全確率を計算すると，100 % になるはずです．つまり波動関数 $\Psi(x,y,z,t)$ は**規格化の条件**

$$
\begin{aligned}
(全確率) &= \int_{全空間} P(x,y,z,t)\,dx\,dy\,dz \\
&= \int_{全空間} |\Psi(x,y,z,t)|^2\,dx\,dy\,dz \\
&= 1
\end{aligned}
\tag{5.27}
$$

を満たさなければなりません．単にシュレーディンガー方程式の解を求めただけでは規格化の条件式 (5.27) を満たしているとは限りません．

　シュレーディンガー方程式のある一つの解 $\Phi(x,y,z)$ に，0 でない任意の定数 C を掛け算した $\Psi = C\Phi$ も同じシュレーディンガー方程式の解ですから，この定数 C をうまく調整すれば，結果の波動関数 Ψ が式 (5.27) の規格化の条件を満たすようにすることができます．この操作を**波動関数の規格化**とよび，掛けるべき定数 C を**規格化定数**とよびます．規格化定数が

$$
C = \left[\int_{全空間} |\Phi(x,y,z,t)|^2\,dx\,dy\,dz \right]^{-1/2}
\tag{5.28}
$$

と書かれることは容易にわかります．

　古典論ではニュートンの運動方程式によって粒子の軌道や運動量を，すべての時間にわたって決定することができました．ところが量子力学の基本方程式であるシュレーディンガー方程式が決定するのは**波動関数**です．そして波動関数からわかるのは粒子の**"存在確率"**です．何だか物足りないような感じがしますが，ミクロの世界を記述するにはこれで必要かつ十分なのです．前節で学んだ**ハイゼンベルク**の**不確定性原理**に照らし合わせて，ぴったり整合してるのです．このことは，本書を通じて，だんだんとわかってくるだろうと思います．

ボルンの確率解釈の正しさを実験的に検証する典型的な例が次々節 (5.7 節) で示されます.

5.6　トンネル効果

前節で「波動関数の絶対値の 2 乗が粒子の "存在確率" の確率密度に等しい」という波動関数の正統的解釈について学びました.

次の節 (5.7 節) で, この考え方が正しいという一つの実験的証拠を示すことにします. それは原子核の**アルファ崩壊**です.

α 崩壊は量子力学における**トンネル効果**とよばれる奇妙な現象によって説明できます. それは, 古典論では想像もつかないような効果です. 本節ではこの奇妙なトンネル効果について学びましょう.

量子力学における状態

本題に進む前に, ここで量子力学における「**状態**」という概念について述べておきましょう.

量子力学においては, 対象にしている力学系がどのようなエネルギーをもっているかとか, 粒子の "存在確率" がどのようになっているか, といった系の「状態」という考え方が中心になります. 系の「状態」に関するすべての情報は波動関数に入っています. したがって, 波動関数はしばしば**状態関数**ともよばれます.

定常状態

簡単のため一次元空間で考えます.

自由粒子の波動関数は, 5.3 節の式 (5.19) で示したように,

$$(自由粒子の波動関数) = e^{i(px-Et)/\hbar} \tag{5.29}$$

と表されます．この**状態**はエネルギーが一定の決まった値 E をもつ状態です．このことから，一般に波動関数の時間に関する部分が

$$e^{-iEt/\hbar}$$

という形の場合は，エネルギーが一定の決まった値 E をもつ状態であると考えられます．

一般的に，波動関数を

$$\Psi(x,t) = \psi(x)\,e^{-iEt/\hbar} \tag{5.30}$$

とおいてみましょう．上の考察から，この状態はエネルギーが決まった値 E の状態です．この波動関数をシュレーディンガー方程式

$$i\hbar\,\frac{\partial \Psi}{\partial t} = -\frac{\hbar^2}{2m}\,\frac{\partial^2 \Psi}{\partial x^2} + V(x)\Psi \tag{5.31}$$

に代入すると，波動関数の**空間部分** $\psi(x)$ を決定する方程式

$$-\frac{\hbar^2}{2m}\,\frac{d^2\psi}{dx^2} + V(x)\psi = E\psi \tag{5.32}$$

が得られます．この方程式は**時間に依存しないシュレーディンガー方程式**とよばれ，あるいは単に**シュレーディンガー方程式**ともよばれます．

式 (5.30) の形の波動関数で表される状態は，粒子の"存在確率"の確率密度が

$$P(x,t) = |\Psi(x,t)|^2 = |\psi(x)|^2 \tag{5.33}$$

となり，時間に依存しなくなるので，**定常状態**とよばれます．ボーアの量子論でお目にかかった水素原子の基底状態や励起状態のような定常状態はまさにこのような状態です．

粒子が運動する範囲 —— 古典力学

簡単な例として図 **5.11(a)** のようなバネ (調和振動子) を考えましょう．

質量 m の粒子 (質点) がついているバネ (バネ自体の質量は無視します) の自然長の位置 (平衡の位置) を O とし, バネが伸び縮みする方向に x 軸をとります. ある与えられたエネルギーのとき, 質点 m は下限 A と上限 B の範囲で上下に振動します.

このバネの運動のエネルギーの関係を図示したものが図 **5.11(b)** です.

バネが平衡の位置から x だけ伸びたとき, 質点に働く力は $-kx$ です (k はバネ定数). このときバネのポテンシャルエネルギーは

$$\frac{1}{2}kx^2$$

です. バネの全エネルギー E は質点の運動エネルギーとポテンシャルエネルギーの和です. すなわち,

$$E = \frac{1}{2}mv^2 + \frac{1}{2}kx^2$$

です. したがって, バネにエネルギー E が与えられたとき, 運動が許されるのは

$$E \geq \frac{1}{2}kx^2 \qquad \text{すなわち} \qquad -\sqrt{\frac{2E}{k}} \geq x \geq \sqrt{\frac{2E}{k}}$$

の範囲です. この範囲が図 **5.11(b)** の x 軸上の A と B のあいだです.

図 **5.11(b)** において, 「影」の部分は**ポテンシャルの壁**です. 質点の運動はこのポテンシャルの壁の内側 (影でない部分) のみに限定されます. エネルギー E の質点はポテンシャルの壁ではね返されて, 矢印の範囲内 (x 軸上の A と B のあいだ) で往復運動を行います.

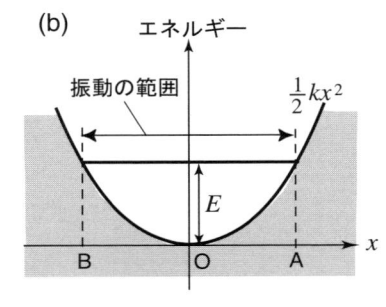

図 **5.11** (a) 調和振動子 (バネ). (b) バネの運動のエネルギー.

エネルギー固有値, 固有状態

上と同じバネの運動を量子力学で考えます.

5.6 トンネル効果

量子力学における運動の状態は, 式 (5.32) のシュレーディンガー方程式を解くことによって決まります. いまの場合, 次の微分方程式となります.

$$-\frac{\hbar^2}{2m}\frac{d^2\psi}{dx^2} + \frac{1}{2}kx^2\psi = E\psi \qquad (5.34)$$

波動関数の絶対値の 2 乗 $|\psi|^2$ が質点がどの位置にあるかの確率密度ですから, $|\psi|^2$ は x のすべての範囲で**有限**の値でなければなりません. この条件を満たすためには, エネルギー E は特定の値でなければなりません. 古典力学と違って, バネのエネルギー E の値は何でもよいというわけにはいきません. つまり, 許されるエネルギーは**とびとびの値**になります. そのようなとびとびの値を**エネルギー固有値**といい, そのような状態を**固有状態**といいます.

ここで注目すべきは, とびとびのエネルギーをもつ固有状態がでてくる原因です. それは粒子が波動関数を伴うからです. 粒子が**粒子性**と**波動性**の二重の性質をもつからこそとびとびのエネルギーをもつ固有状態が現れるのです. これは古典論からはけっして得られない驚くべき結果です. 電子の二重性によって, 初めてボーアの量子論における「定常状態」の仮説が導かれるのです.

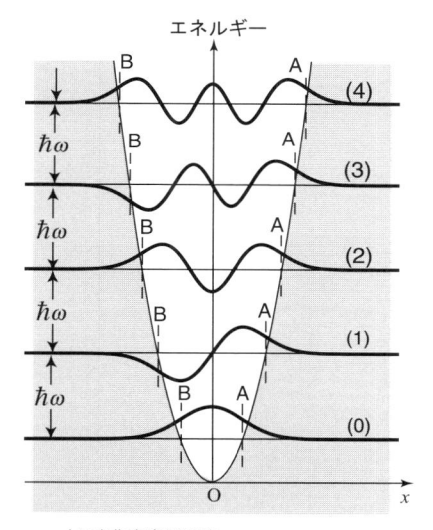

太い実曲線が波動関数
(0): 基底状態
(1)(2)(3)…: 励起状態

図 5.12 調和振動子の固有状態. シュレーディンガー方程式 (5.34) を解いて得られたエネルギー固有値 (水平の線), および対応する波動関数 (太い実曲線).

バネ (調和振動子) のエネルギー固有値は

$$E = \hbar\omega\left(n + \frac{1}{2}\right), \quad \omega = \sqrt{\frac{k}{m}}, \quad n = 0, 1, 2, 3, \cdots \qquad (5.35)$$

となります. 許される n は 0 または正の整数のみです. この結果を**エネルギー準位**の形で図示したものが図 **5.12** です.

この図において, $n=0$ (基底状態) が記号 (0) で, $n=1,2,3,\cdots$ (励起状態) が記号 (1), (2), (3), $\cdots$ で表されています. 調和振動子の場合, エネルギー準位 (エネルギーの値を示す水平の線) は等間隔となります. したがって, 調和振動子のエネルギー固有値は, 基底状態 (0) から測って $\hbar\omega$ を単位として, その整数倍となっています. これが調和振動子の著しい特徴です. また, それぞれのエネルギー準位に対応する波動関数 $\psi(x)$ が実曲線で表されています.

これらの結果は式 (5.34) のシュレーディンガー方程式を解いて得られたものです. 式 (5.34) は解析的に解くことができますが, 少し面倒なのでここでは割愛します. 詳しくは別の量子力学に関する参考書を参照して下さい.

粒子が運動する範囲 —— 量子力学

古典力学の場合, 図 **5.11** で示したように, 質点の運動はポテンシャルの壁の内側に限定されます. つまり質点は壁の中にしみ込む (浸透する) ことはできません. 図 **5.12** においては, 古典力学で質点が運動できる範囲は A と B のあいだだけです.

ところが, **量子力学**では少し事情が違います. 図 **5.12** において, おのおののエネルギー固有値に対応する波動関数は, 古典論における運動の範囲を越えて, ポテンシャルの壁の中に入り込んでいます. これは「**ポテンシャルの壁の中にまで質点が見いだされる確率がある**」ことを意味します. 古典論では想像だにできない驚くべきことです.

トンネル効果

上に述べたように, ポテンシャルの壁の中にまで質点がしみ込む (浸透する) ことができるならば, 質点がポテンシャルの壁を通り抜ける (透過する) ことができるかもしれません. まさにその通りです. これは**トンネル効果**とよばれています.

自由粒子の波動関数

$$\Psi_1(x,t) = A\, e^{i(px-Et)/\hbar}, \qquad A = 定数 \qquad (5.36)$$

は, エネルギーが E で x 軸の正の方向に進行する波ですから, エネルギー E

をもつ粒子が右方向に進行する運動を表しています．また，

$$\Psi_2(x,t) = B\,e^{i(-px-Et)/\hbar}, \qquad B = 定数 \tag{5.37}$$

は同じエネルギーをもつ粒子が左方向に進行する運動を表しています．

　いま，図 **5.13(a)** のような**ポテンシャル障壁**があり，左方からエネルギー E の粒子が入射し，ポテンシャルの障壁に衝突するものとしましょう．古典論では，衝突した粒子は障壁で完全に反射されるはずです．量子力学では 1 部は反射されるけれども，1 部は障壁の中にしみ込み，障壁を通り抜けて (透過して) 右側の領域にでて，そのまま右方向に進行するものと考えられます．これが**トンネル効果**です．

透過率の見積もり

　ポテンシャル障壁の左方から入射した波 (粒子) のうち，どのくらいの確率で障壁を透過するかを見積もるため，図 **5.13(b)** のような簡単な**箱型ポテンシャル** (幅が a, 高さが V_0) の障壁を仮定しましょう．

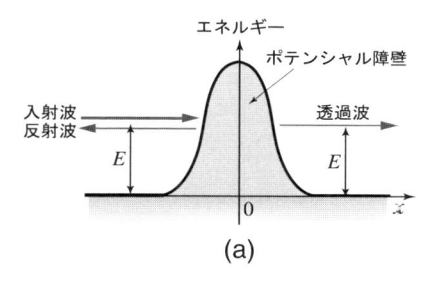

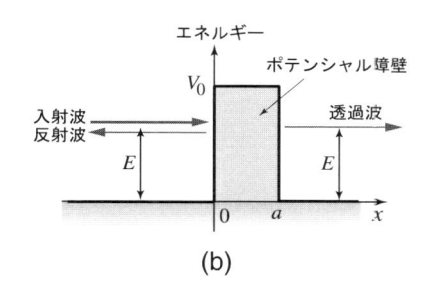

図 **5.13**　トンネル効果．左方からの入射波の一部はポテンシャル障壁を透過し，一部は反射される．

　ポテンシャル障壁の左側の領域での波動関数 $\Psi(x,t)$ は式 (5.36) の**入射波**と式 (5.37) の**反射波**とを加えた (重ね合わせた) もの

$$\Psi(x,t) = A\,e^{i(px-Et)/\hbar} + B\,e^{i(-px-Et)/\hbar} \tag{5.38}$$

です．一方，右側の領域の波動関数 $\Phi(x,t)$ は**透過波**のみであり，

$$\Phi(x,t) = C\,e^{i(px-Et)/\hbar} \tag{5.39}$$

となるはずです．シュレーディンガー方程式を解いて定数 A, B, C を決めることができます．以下で説明しましょう．計算はそれほど難しくありませんが，面倒な方は読み飛ばし，結果のみを信用してください．

トンネル効果の実例を計算してみましょう．図のように幅が a 高さが V_0 の箱型の**ポテンシャル障壁**を考えます．

障壁の左側の領域を A, 右側の領域を C, 障壁がある中間の領域を B としましょう．領域 A において，左方からエネルギー $E(<V_0)$ の入射波が進行し障壁に衝突すると，1部ははじき返されて**反射波**となり，1部は障壁を通り抜けて領域 C に達する**透過波**となります．

私たちがここで扱うのはエネルギー E が一定の状態，つまり**定常状態**ですから，一般に波動関数は

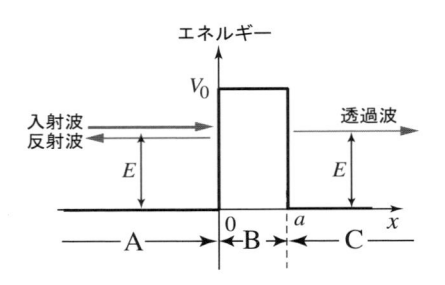

$$\Psi(x,t) = \psi(x)e^{-iEt/\hbar} \tag{5.40}$$

の形です．波動関数の**空間部分** $\psi(x)$ が従う**シュレーディンガー方程式**は

$$-\frac{\hbar^2}{2m}\frac{d^2\psi}{dx^2} + V(x)\psi = E\psi \tag{5.41}$$

です．

領域 A および**領域 C** においては，$V(x) = 0$ で力が働かないので**自由粒子**です．そのときのシュレーディンガー方程式 (5.41) は

$$\frac{d^2\psi}{dx^2} + k^2\psi = 0, \qquad k = \frac{\sqrt{2mE}}{\hbar} \tag{5.42}$$

と書かれます．$\psi(x) = e^{ikx}$ や $\psi(x) = e^{-ikx}$ が式 (5.42) の解であることは容易にわかります．$p = \hbar k$ と表せば，$\psi(x) = e^{ikx}$ の場合には，時間まで含めた波動関数は $\Psi(x,t) = e^{i(px-Et)/\hbar}$ となりますから，これは**右進行波**です．また，$\psi(x) = e^{-ikx}$ の場合には $\Psi(x,t) = e^{i(-px-Et)/\hbar}$ ですから，これは**左進行波**です．

領域 A における波動関数は，右方へ進行する**入射波**と左方へ進行する**反射波**とを重ね合わせて

$$\psi_{\rm A}(x) = Ae^{ikx} + Be^{-ikx}, \qquad k = \frac{\sqrt{2mE}}{\hbar} \tag{5.43}$$

となります.ただし A, B は適当な定数です.

領域 C には右方へ進行する**透過波**しかありませんから,この領域の波動関数は

$$\psi_{\mathrm{C}}(x) = Ce^{ikx}, \qquad k = \frac{\sqrt{2mE}}{\hbar} \tag{5.44}$$

です.ただし C は適当な定数です.

障壁がある中間の**領域 B** では,$V(x) = V_0 \,(> E)$ ですから,式 (5.41) のシュレーディンガー方程式は

$$\frac{d^2 \psi}{dx^2} - K^2 \psi = 0, \qquad K = \frac{\sqrt{2m(V_0 - E)}}{\hbar} \tag{5.45}$$

となります.$\psi(x) = e^{Kx}$ や $\psi(x) = e^{-Kx}$ がこの微分方程式の解であることは容易にわかります.微分方程式 (5.45) の一般解は,これらの重ね合わせとなります.したがって,**領域 B** の波動関数は

$$\psi_{\mathrm{B}}(x) = Fe^{Kx} + Ge^{-Kx}, \qquad K = \frac{\sqrt{2m(V_0 - E)}}{\hbar} \tag{5.46}$$

です.ただし F, G は適当な定数です.

以上で三つの領域における波動関数の形はわかりました.次に,まだ決まっていない五つの定数 A, B, C, F, G について検討しましょう.波動関数の絶対値の 2 乗が粒子の "存在確率" の確率密度を表しますから,**波動関数は空間のいたるところで滑らかな連続関数である**,と考えられます.この条件から定数 A, B, C, F, G の比を決めることができます.

三つの領域の内部ではそれぞれの波動関数 $\psi_{\mathrm{A}}(x), \psi_{\mathrm{B}}(x), \psi_{\mathrm{C}}(x)$ は滑らかな連続関数ですから問題はありません.問題は三つの領域の境界点 $x = 0$ と $x = a$ にあります.$\psi_{\mathrm{A}}(x)$ と $\psi_{\mathrm{B}}(x)$ とが境界点 $x = 0$ において,$\psi_{\mathrm{B}}(x)$ と $\psi_{\mathrm{C}}(x)$ とが境界点 $x = a$ において,それぞれ滑らかに接続されなければなりません.滑らかに接続するということは,その点での関数の値,および微分 (導関数の値) が連続であるということです.

上に述べた接続の条件から,次の 4 式が得られます:

$$A + B = F + G,$$
$$ik(A - B) = K(F - G),$$
$$Ce^{ika} = Fe^{Ka} + Ge^{-Ka},$$
$$ikCe^{ika} = KFe^{Ka} - KGe^{-Ka}.$$

これらの4式から F, G を消去すると,

$$\frac{B}{A} = \frac{\{1 + (k/K)^2\}(e^{Ka} - e^{-Ka})}{(1 + ik/K)^2 e^{-Ka} - (1 - ik/K)^2 e^{Ka}},$$

$$\frac{C}{A} = \frac{(4ik/K)e^{-ika}}{(1 + ik/K)^2 e^{-Ka} - (1 - ik/K)^2 e^{Ka}}$$

が得られます. $|A|^2$ は入射波の強さ, $|B|^2$ は反射波の強さ, $|C|^2$ は透過波の強さですから, $|B|^2/|A|^2$ は**反射率** (反射係数ともいいます), $|C|^2/|A|^2$ は**透過率** (透過係数ともいいます) です. 上の結果から,

$$(反射率) = \frac{|B|^2}{|A|^2} = \left[1 + \frac{4E(V_0 - E)}{V_0^2 \sinh^2 Ka}\right]^{-1} \tag{5.47}$$

$$(透過率) = \frac{|C|^2}{|A|^2} = \left[1 + \frac{V_0^2 \sinh^2 Ka}{4E(V_0 - E)}\right]^{-1} \tag{5.48}$$

となります. 関数 sinh は**双曲線正弦関数**とよばれ

$$\sinh x = \frac{e^x - e^{-x}}{2} \tag{5.49}$$

で定義されます. 上の式 (5.47), (5.48) から

$$\frac{|B|^2}{|A|^2} + \frac{|C|^2}{|A|^2} = 1, \quad あるいは \quad |B|^2 + |C|^2 = |A|^2 \tag{5.50}$$

が得られるので, 確率が保存していることがわかります.

上の計算からわかるように, 入射波の強さ $|A|^2$ が反射波の強さ $|B|^2$ と透過波の強さ $|C|^2$ の和になっています. つまり, 反射した粒子の確率と透過した粒子の確率の合計が, 全確率 (=100%) に等しくなって, **確率の保存則**が成り立っているわけです.

入射粒子のうちポテンシャル障壁を透過する割合 (透過率) は

$$\textbf{透過率} = \frac{|C|^2}{|A|^2} = \left[1 + \frac{V_0^2 \sinh^2 Ka}{4E(V_0 - E)}\right]^{-1} \tag{5.51}$$

となります. ただし,

$$K = \frac{\sqrt{2m(V_0 - E)}}{\hbar} \tag{5.52}$$

です．また関数 sinh は式 (5.49) で定義され，双曲線正弦関数とよばれています．

　この節で述べたトンネル効果を実験的に検証する 1 例が，次節で紹介する**原子核のアルファ崩壊**です．

5.7　原子核のアルファ崩壊

　前節で量子力学における**トンネル効果**について学びました．トンネル効果は古典論では考えられない驚くべき現象です．この現象を現実のミクロの世界でみつけることができれば，量子力学が正しいことの有力な証拠となり，**波動関数の確率解釈**の正当性を確かめることができるはずです．ガモフは**元素のアルファ崩壊**がトンネル効果でうまく説明できることを見いだしました (1928)．これが量子力学の成功の有力な証拠の一つとなりました．以下で簡単に説明しましょう．

アルファ崩壊の半減期

　α 粒子はヘリウムの原子核です．元素が α 粒子を放出して別の元素に変わる放射性崩壊については，すでに 2.1 節の**放射能の発見** (p.27) で学びました．

　放射性崩壊を調べるとき，半減期という量がよく使われます．ある元素が放射性崩壊して，最初の質量の半分が別の元素に変わるまでの時間を**半減期**といいます．半減期は放射性元素の種類によって著しく異なります．

　さまざまな α 放射性元素の**半減期**を測定して，**ガイガー**らは放射される α 粒子のエネルギーと半減期とのあいだに密接な関係があることを発見しました．その関係とは

$$(半減期) = C\,e^{A/\sqrt{E}} \tag{5.53}$$

です．E は放射される α 粒子のエネルギー，A と C は実測値に合わせた定数です．実験公式 (5.53) が α 崩壊の半減期の測定結果をよく表しているということは，図 **5.14** をみれば一目瞭然です．

実測値 (図 5.14) において注目しなければならないことは, 放射される α 粒子のエネルギーがわずかに 2.5 倍くらい変化しただけで, 半減期は 20 桁以上も変わるということです. たとえば, ^{232}Th (トリウム 232) から放射される α 粒子のエネルギーは約 4MeV で, 半減期は 1.4×10^{10} 年というものすごい長さです. 一方, ^{218}Th は, 放射する α 粒子のエネルギーが ^{232}Th の場合のほぼ 2.5 倍の約 10MeV で, 半減期は 0.11μ 秒という短時間です.

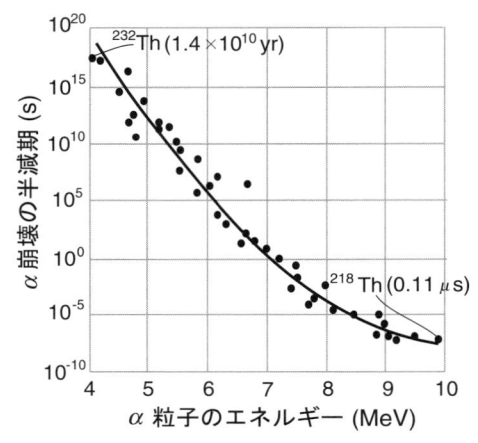

図 5.14 種々の原子核の崩壊の半減期. 黒丸は実測値. 実線は実験公式 (5.53) の値. (定数 A, C は実測値に最もよく合うように決められています.)

この極端な違いはちゃんと説明できるのでしょうか.

ガモフによるアルファ崩壊の説明

ガモフは α 崩壊の機構を次のように考えました.

元素のアルファ崩壊とは, 原子の中心部にある**原子核のアルファ崩壊**にほかなりません. 原子核の中の α 粒子は図 5.15 のようなポテンシャルの中に閉じ込められていると考えられます.

図は一次元空間で描かれていますが, 実際の原子核は三次元空間のはずです. しかし, 三次元空間では話が少々ややこしいので, 一次元空間 (x 軸上のみ) で考え

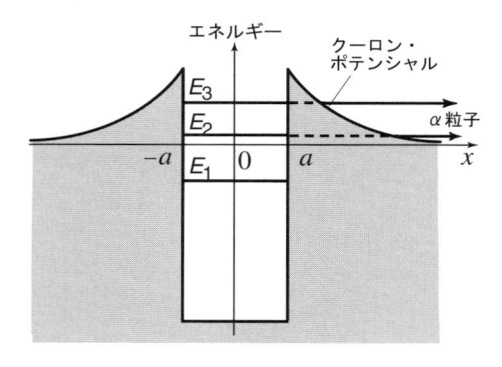

図 5.15 α 粒子に働く力のポテンシャル.

5.7 原子核のアルファ崩壊

ることにします．

図 **5.15** において，$|x| < a$ の領域は原子核の内部であり，α 粒子が強い引力で閉じ込められている領域です．$|x| > a$ の部分は，α 粒子の $+2e$ の荷電と残りの原子核の荷電 $+(Z-2)e$ とのあいだのクーロン斥力ポテンシャルです．$|x|$ が十分大きい領域，すなわち α 粒子が原子核から離れた領域では，クーロン斥力だけが働くわけです．

図 **5.15** のポテンシャルは極端に簡略化されています．実際に α 粒子に働く力のポテンシャルはもっと複雑でしょうが，いま問題にしている α 崩壊を**定性的**に理解するためには，この程度で十分でしょう．

図 5.15 には，例として，三つの準位 E_1, E_2, E_3 が描かれています．α 粒子が $E_1 (< 0)$ の状態にある場合には，ポテンシャル内から外にでることはできないので，α 崩壊は起きません．

E_2, $E_3 (> 0)$ の場合には，α 粒子はトンネル効果によってポテンシャル障壁を透過して α 崩壊が起きるでしょう．問題は，E_2, E_3 のエネルギーの大きさの違いと，透過率の違いがどうなるかです．透過率が大きいなら半減期は短くなります．透過率と半減期とのあいだには反比例の関係があります．

図 5.15 のようなポテンシャル障壁の形では，トンネル効果の透過率を計算するのは少し面倒なので，図 **5.13(B)** のような箱型の障壁で代用して考えましょう．このときの透過率は前節の式 (5.51) で与えられますが，これは大雑把に関数

$$e^{-aK}, \qquad \text{ただし } K = \frac{\sqrt{2m(V_0 - E)}}{\hbar} \tag{5.54}$$

に比例します．この関数は aK の値に強く依存します．a は障壁の幅，$V_0 - E$ は障壁の頂上といま注目している準位とのエネルギーの差ですから，図 **5.15** の E_2 の状態と E_3 の状態とでは透過率 (したがって半減期) はかなり大きく変化します．これが (5.53) の実験公式における半減期のエネルギー依存性をよく再現します．

ガモフは図 **5.15** のようなポテンシャル障壁に対して，正確な計算を行って，実験公式 (5.53) の中の定数 A, C を求め，実験公式の値によく合う値を得ることができました．この結果は**量子力学の正しさ**，波動関数の**確率解釈の正当性**を示し，量子力学の成功の有力な証拠の一つとなりました．

5.8　第5章のまとめ

本章で学んだことをまとめておきましょう．

(1) シュレーディンガーは，物質粒子の運動に伴うド・ブロイ波の従う波動方程式として，**シュレーディンガー方程式**を導きました．これが**量子力学の基本方程式**となりました．

(2) ハイゼンベルクは，ミクロの世界では粒子の位置 q や運動量 p は，古典論におけるような普通の変数ではなく，**行列**であると考え，**行列力学**を提唱し成功しました．行列力学とシュレーディンガーの波動力学とが同等であることがわかりました．

(3) ミクロの世界では，粒子の位置や運動量を同時に測定すると，ハイゼンベルクの**不確定性原理**を越えた不確定性 (あいまいさ) のない測定は原理的に不可能である，ということがわかりました．したがって，ミクロの世界では，古典論のような「線」で描ける粒子の「軌道」という概念は捨ててもよいということがわかりました．

(4) シュレーディンガー方程式における**波動関数**の絶対値の 2 乗が粒子の"存在確率"の**確率密度**であるという波動関数の解釈が提案され，この考え方に基づく**トンネル効果**によって元素の**アルファ崩壊**を説明できることが明らかになり，量子力学の正当性の証拠の一つとなりました．

演 習 問 題

5-1　チャドウィックによって中性子が発見されるまでは，原子核は陽子と電子とで構成されていると考えられていた．例えば，He 原子の原子核である α 粒子は，4 個の陽子と 2 個の電子でできていると考えられた．α 粒子の直径はほぼ 2×10^{-15} m である．このサイズの中に電子を閉じ込めるとすると，電子の位置の不確定性は $\Delta x \approx 2 \times 10^{-15}$ m である．このとき不確定性関係から，運動量の不確定性 Δp を求めよ．この結果が相対論と矛盾しないかどうか検討せよ．

5-2　一次元空間において，無限に深い井戸型ポテンシャル $V(x)$ の中に電子

が閉じ込められているものとする. 井戸型ポテンシャルの幅を a とし, $V(x)$ は次式で与えられるものとする.

$$V(x) = \begin{cases} \infty & (x < 0 \text{ および } x > a \text{ の領域}), \\ 0 & (0 < x < a \text{ の領域}). \end{cases}$$

この系の固有状態は量子数 $n = 1, 2, 3, \cdots$ で表される. $n = 1$ が基底状態, $n = 2, 3, 4, \cdots$ が励起状態である. おのおのの固有状態のエネルギー固有値 E_n と, 対応する規格化された波動関数 $\psi_n(x)$ を求めよ.

5-3 一次元空間において, 無限に深い井戸型ポテンシャルの中に電子が閉じ込められているものとする. この系の基底状態から測った第1励起状態の励起エネルギーが $1.2\,\mathrm{eV}$ であるとすれば, 井戸型ポテンシャルの幅はいくらか.

5-4 一次元空間において, ポテンシャル $V(x)$ を

$$V(x) = \begin{cases} 0 & (x > 0 \text{ の領域}) \\ -V_0 \,(<0) & (x < 0 \text{ の領域}) \end{cases}$$

とする. 左遠方 $(x = -\infty)$ から質量が m, エネルギーが $E\,(>0)$ の粒子ビームが進行してくるとき, $x = 0$ の点でその1部が反射される. 反射係数 (反射率) を求めよ.

5-5 一次元空間において, 前問 (5-4) におけるポテンシャルが左右逆転している場合, すなわちポテンシャル $V(x)$ が

$$V(x) = \begin{cases} -V_0 \,(<0) & (x > 0 \text{ の領域}) \\ 0 & (x < 0 \text{ の領域}) \end{cases}$$

の場合を考える. 左遠方 $(x = -\infty)$ から質量が m, エネルギーが $E\,(>0)$ の粒子ビームが進行してくるとき, $x = 0$ の点でその1部が反射されるであろう. 反射係数 (反射率) を求めよ.

第6章 粒子性と波動性

本書の第I部「原子の世界の謎」で学んだように,光や電子は**粒子性**と**波動性**をともに兼ね備えた存在であることがわかりました.一見相矛盾するかにみえるこの**二重性**が,**量子力学**のなかにいかに統一されているか考えてみましょう.

6.1 ヤングの実験,電子の波動性

本書の第I部「原子の世界の謎」で,光や電子が粒子性と波動性とをともにもつ謎の存在であることを学びました.

ここで,この二重性について"おさらい"をしておきましょう.

光の波動性と粒子性

第I部の3.8節(p.85)および「量子力学への幕開き」(p.105)で説明したように,光の波動性はヤングによる複スリットの実験で確かめられました.

ヤングの実験における干渉じまの写真,図**3.23(b)**は,いわば光の波動性と粒子性の「共同作業」によるものです.このことを念頭におきましょう.

一方,光の粒子性は20世紀のはじめ,プランクのエネルギー量子仮説に基づき,アインシュタインによって提唱された光量子(光子)仮説が実験的に確かめられ,確立しました.

電子の波動性

J. J. トムソンによる電子の発見以来,電子はきわめて微小な,ほとんど点

とみなすことのできる粒子であることは，誰も疑いませんでした．
　ところが，電子は粒子であるだけでなく，波動の性質ももつということをド・ブロイが提案し，実験的にも確かめられました．電子だけでなく，その他の物質粒子も粒子性と波動性の二重性をもつことが確かめられました．

二者択一的考え方を捨てよう

　20世紀のはじめ，世界の物理学者たちは，光や電子の波動性と粒子性の深刻な矛盾に突き当たってしまった，といいました (p. 105 参照)．しかし，これは本当に矛盾なのでしょうか．
　私たちは，光や電子が「波動」であるか「粒子」であるかのどちらかだと二者択一的に考えるから矛盾だと思うのではないでしょうか．「粒子」であるか「波動」であるかのどちらか一方でなければならないと考えるのは古典論的な考え方で，この「二者択一」的な考え方をやめて，両方の性質をもつのが「ものの本質だ」と考えることはできないでしょうか．
　図 **3.23** のヤングの干渉じまの写真は，光の波動性と粒子性の「共同作業」の結果だといいました．この二重性のどちらか一方だけでは干渉じまの写真は存在しないのです．この事実は上記の「二者択一」的考え方を完全に否定しているのです．
　5.5 節 (p. 127) で学んだように，私たちはすでに量子力学における波動関数が，粒子が見いだされる確率を表している，ということを知っています (正確にいえば，波動関数の絶対値の 2 乗が粒子の"存在確率"の確率密度です)．賢明な諸君はすでにお気付きだと思いますが，量子力学では**確率**という概念を導入することによって，上記の「二者択一的考え方をしないで」，**波動性**と**粒子性**をみごとに統一しているのです．
　このことを，以下で少し詳しく検討しましょう．

6.2　粒子と波動の統一

　前節で述べたように，光や電子は波動と粒子の両方の性質を兼ね備えています．波動性と粒子性とをともに有するのが「ものの本質」です．それでは，

どこに波動性が現れ，どこに粒子性が現れるのでしょう．

波動性と粒子性はどこに現れる？

　ヤングの実験で干渉じまができるのは光の波動性の表れですが，光が写真フィルムの中のハロゲン化銀の分子に作用して，光化学反応を起こし銀が析出するのは，光が粒子として吸収されるからです．析出した銀は，いわば，光の粒子(光子)の「痕跡」です．この無数の痕跡が集まって干渉じまとして写真の像となります．

　光子がどの位置にあるハロゲン化銀分子に当たるか，すなわちどの位置に「痕跡」を残すかは，確率的に決まります．光子の"存在確率"が高い場所には多数の「痕跡」が残り，"存在確率"が低い場所には「痕跡」が少なくなり，この濃淡が干渉じまとなるわけです．

　このように，光は写真に撮るなどして「観測」すると粒子性を示します．光が金属に当たって光電効果 (3.6 節; p.76 参照) を起こす場合や，光が電子と衝突してコンプトン散乱する場合 (3.7 節; p.80 参照) のように，光が他の物質と相互作用する場合，光は「粒子」として作用し，粒子性が現れるのです．空洞放射においても，光は空洞の壁から「粒子」として吸収・放出され，粒子性が現れるのです．

電子の粒子性と波動性を計算してみよう

　電子の粒子性と波動性の関係を理解するために，ヤングの実験と同様な複スリットの実験を，シュレーディンガー方程式の波動関数を考慮して，コンピューター上で再現してみましょう．

　図 **6.1(a)** はヤングの実験装置の概要です．左遠方より**電子線**が進行して，二つのスリット S_1 と S_2 を通過し，右の衝立 F の上のフィルムに感光するものとします．図 **6.1(b)** は上の **(a)** の実験における波動関数のようすの概略 (断面図) です．二つのスリットを通った波動関数は球面波状の波となって重なり合って干渉するでしょう．

パソコン上で図 6.1 のような複スリットの実験をすることにしましょう．左遠方より**電子線 (陰極線)** が進行して，二つのスリット S_1 と S_2 を通過し，右の衝立 F の上のフィルムに感光するものとします．電子相互のあいだの影響を避けるため，電子線の強度 (単位時間あたり，単位断面積あたりの電子の数) は十分弱いものとします．

ヤングの実験図 **6.1(a)** における波動関数の断面図が図 **6.1(b)** です．入射電子の波動関数は左方から一様に進行する自由粒子の波動関数ですから，**平面波**です．スリット S_1 と S_2 を通過した波動関数をそれぞれ ψ_1, ψ_2 としましょう．それらは二つのスリットの位置から**球面波**状に広がっていく波となります．厳密にいえば，スリットは y 軸に沿った細長い短冊状ですから，球面波ではなく，円筒形の波になるでしょう．これらの二つの波動関数を重ね合わせたもの，すなわち

$$\Psi = \psi_1 + \psi_2$$

が右方向に進行して衝立 F 上のフィルムに到達するでしょう．

これらの波動関数はいずれもエネルギーが一定の，したがって振動数が一定の状態ですから，定常状態の波動関数で表されます．ψ_1 や ψ_2 の波動関数の近似的な関数形は，「平面波」や「球面波」に近いと考えられます．それらの関数形について下で説明しましょう．

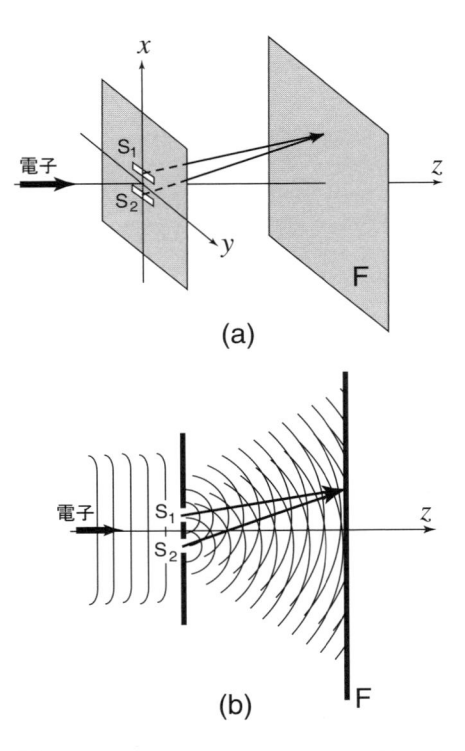

図 **6.1** ヤングの実験における干渉じまが現れる仕組み

平面波と球面波

三次元空間における，エネルギー一定の自由粒子の波動関数を考えます．定常状態ですから，波動関数の空間部分のみを考えましょう．

平面波

たとえば，z 軸方向に進行する自由粒子の波動関数は

$$\psi(x,y,z) = e^{ikz}, \qquad k = \frac{2\pi}{\lambda} \qquad (6.1)$$

です．ここで λ は波長です．

図 **6.2** 極座標

一般にベクトル $\boldsymbol{k}$ の方向に進行する**自由粒子の波動関数**は

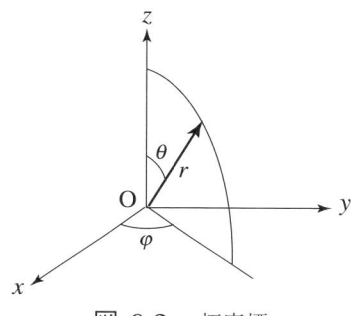

$$\psi(x,y,z) = e^{i\boldsymbol{k}\cdot\boldsymbol{r}} = e^{i(k_x x + k_y y + k_z z)} \qquad (6.2)$$

と書かれます．$\boldsymbol{k}=(k_x, k_y, k_z)$ は**波数ベクトル**とよばれ，波長 λ と

$$|\boldsymbol{k}| = \sqrt{k_x^2 + k_y^2 + k_z^2} = \frac{2\pi}{\lambda} \qquad (6.3)$$

の関係があります．

式 (6.1) の波動関数は波面が z 軸に垂直な平面であり，式 (6.2) の波動関数は波面がベクトル $\boldsymbol{k}$ に垂直な平面ですから，これらは**平面波**とよばれます．

球面波

波面が球面で，ある 1 点 (座標原点 O) から放射状に広がっていく波も，**自由粒子のシュレーディンガー方程式の解**，すなわち自由粒子の一つの状態を表します．これを**球面波**とよびます．球面波の波動関数は，図 **6.2** のような極座標を用いて

$$\psi(x,y,z) = \frac{e^{ikr}}{r}, \qquad k = 波数 = \frac{2\pi}{\lambda} \qquad (6.4)$$

と表されます．自由粒子が小さな孔を通過したあとの波動関数は，このような球面波状の波となって空間に広がっていくと考えられます．

上の説明で，複スリットの実験図 **6.1** における波動関数 $\Psi = \psi_1 + \psi_2$ のおおよその関数形がわかる思います．その結果を用いて $|\Psi|^2$ を計算し，フィルム F 上で電子がどの位置に見いだされるかという "存在確率" が計算できるはずです．

電子が1個フィルムに当たると，フィルム上の1点に一つ像を結びます．電子の波動関数が**平面波**のときには，"存在確率"はいたるところ一様ですから，フィルム上のどの点に像ができるかは完全にランダムです．電子を多数回入射させて，このようにランダムな像 (点) の分布をつくるのは，パソコンのプログラムで一様乱数を発生させることによって可能です．この一様にランダムな分布に，上記の波動関数による"存在確率" $|\Psi|^2 = |\psi_1 + \psi_2|^2$ を掛けた分布をつくればフィルム F 上の電子の像の分布ができます．

このようにしてパソコン上で計算した電子の分布が写真風の図 **6.3** に示されています．入射電子の個数を1秒 (s) あたり数10個にセットして，フィルムの「露光」時間を 1s から次第に長くしてみました．短時間の場合，像 (点) はきわめてまばらに乱雑に分布しますが，時間を長くするとだんだんしま模様がみえてきます．これが電子の**干渉じま**です．

この結果をみると，電子の**粒子性**と**波動性**が量子力学の中にみごとに融合・統一されていることが理解できるでしょう．

図の干渉じまは，パソコン上で量子力学に従って計算してつくったものですが，同様の内容の実際の実験で，きわめてよく似た写真が**外村 彰** (日立製作所中央研究所) らによって撮影されています (1989).

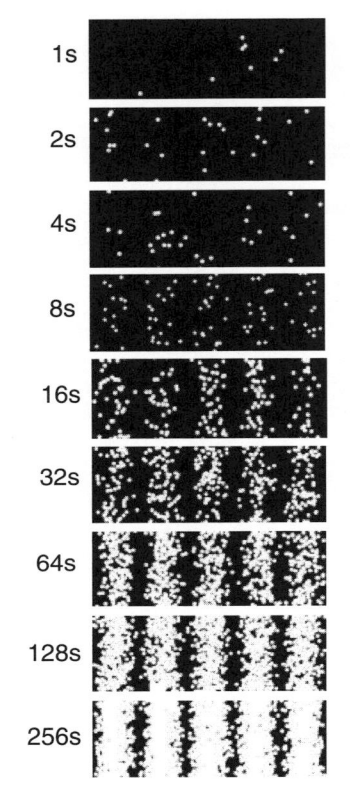

図 6.3 パソコン上での電子による複スリットの実験．量子力学に従い，数値計算を行って電子による複スリットの実験をシミュレートしました．入射電子の個数を 1 秒 (s) あたり数 10 個に設定し，フィルムの「露光」時間を 1s から 256s まで変化させてみました．

6.3 古典論との関係

ニュートンの運動方程式

一次元空間において, ニュートンの運動方程式

$$m\frac{d^2x}{dt^2} = F = -\frac{dV(x)}{dx} \tag{6.5}$$

を考えましょう. F は質点 m に働く力, $V(x)$ は力のポテンシャルです. 運動量 p は

$$p = mv = m\frac{dx}{dt} \tag{6.6}$$

ですから, 式 (6.5) のニュートンの運動方程式は

$$\frac{dp}{dt} = F = -\frac{dV(x)}{dx} \tag{6.7}$$

と書くこともできます.

量子力学の基本方程式である**シュレーディンガー方程式**は, 物質粒子の運動に伴うド・ブロイ波の波動方程式として考案されました. したがって, シュレーディンガー方程式はニュートンの運動方程式と深く関連しているはずです. それでは, それらの関係はどのようになっているのでしょう.

このことを学ぶため, まず**量子力学における平均値**という考え方からスタートしましょう.

粒子の位置の平均値とばらつき

量子力学では粒子の位置は確率的にしか決まりません. したがって, まったく同じ条件の下でも, 観測するたびに粒子の位置の測定値は変わるでしょう. それらの**平均値** $\langle x \rangle$ は, x に "存在確率" の確率密度を掛けて全空間にわたって積分して

$$\begin{aligned}\langle x \rangle &= \int_{-\infty}^{\infty} x\,|\Psi(x,t)|^2 dx \\ &= \int_{-\infty}^{\infty} \Psi^*(x,t)\,x\,\Psi(x,t)\,dx\end{aligned} \tag{6.8}$$

となるはずです (もちろん, 波動関数 $\Psi(x,t)$ は規格化されているものとします (p. 129 参照)). つまり, 波動関数 $\Psi(x,t)$ で表される**状態**において, 粒子の**位置の平均値** $\langle x \rangle$ は式 (6.8) で与えられるということです.

このように量子力学では, 一般にある**物理量 O の平均値**は, 演算子 O を波動関数の複素共役 Ψ^* と波動関数 Ψ とではさんで積分することによって得ることができます.

粒子の位置を何度も観測すると, 測定値は平均値のまわりでばらつきます. そのばらつきの大きさ Δx は

$$(\Delta x)^2 = \int_{-\infty}^{\infty} \Psi^*(x,t)(x - \langle x \rangle)^2 \Psi(x,t) dx$$
$$= \langle x^2 \rangle - \langle x \rangle^2 \tag{6.9}$$

で与えられるはずです.

運動量の演算子

量子力学においては, 位置を表すのは普通の変数 x です.

5.3 節の式 (5.20) で示したように, 量子力学においては**運動量 p** は微分演算子

$$p = -i\hbar \frac{\partial}{\partial x} \tag{6.10}$$

で表されるといいました.

このように, 量子力学においては一般に物理量は**演算子**で表されます (位置 x のような普通の変数も演算子の 1 種だと考えましょう). だから量子力学では, 物理量の**積**は積の順番をひっくり返すと異なる結果になって, 古典論の常識が通用しなくなるのです.

したがって, 状態 $\Psi(x,t)$ における**運動量の平均値** $\langle p \rangle$ は

$$\langle p \rangle = \int_{-\infty}^{\infty} \Psi^*(x,t) \left(-i\hbar \frac{\partial}{\partial x} \right) \Psi(x,t) \, dx \tag{6.11}$$

と表されます.

6.3 古典論との関係

エーレンフェストの定理

運動量の平均値 $\langle p \rangle$ の時間変化を検討しましょう. $\langle p \rangle$ の時間による微分は

$$\frac{d\langle p \rangle}{dt} = \int_{-\infty}^{\infty} \Psi^*(x,t)\left(-\frac{dV(x)}{dx}\right)\Psi(x,t)\,dx$$
$$= \langle F \rangle \tag{6.12}$$

となります. つまり, 量子力学では, 「粒子の運動量の平均値の時間変化は, 粒子に働く力の平均値に等しい」というエーレンフェストの定理が成り立ちます. この定理とニュートンの運動方程式 (6.7) とは, 同形であることに注意してください. この意味で, 量子力学のなかにはニュートンの運動方程式が含まれているのです.

上の式 (6.12) のエーレンフェストの定理を導くのはそれほど難しくありません. 下で説明しましょう.

エーレンフェストの定理の証明の仕方を説明しましょう.

ある状態の波動関数 $\Psi(x,t)$ はシュレーディンガー方程式

$$i\hbar\frac{\partial \Psi}{\partial t} = -\frac{\hbar^2}{2m}\frac{\partial^2 \Psi}{\partial x^2} + V(x)\Psi \tag{6.13}$$

を満たします. ここで力のポテンシャル $V(x)$ は実関数です. 式 (6.13) の両辺の複素共役をとると,

$$-i\hbar\frac{\partial \Psi^*}{\partial t} = -\frac{\hbar^2}{2m}\frac{\partial^2 \Psi^*}{\partial x^2} + V(x)\Psi^* \tag{6.14}$$

となります.

状態 $\Psi(x,t)$ において, 粒子の位置の平均値 $\langle x \rangle$ の時間変化を考えましょう.

$$\frac{d\langle x \rangle}{dt} = \frac{d}{dt}\int_{-\infty}^{\infty} \Psi^* x \Psi \, dx$$
$$= \int_{-\infty}^{\infty} \left(\frac{\partial \Psi^*}{\partial t}x\Psi + \Psi^* x\frac{\partial \Psi}{\partial t}\right) dx$$
$$= \frac{i}{\hbar}\Big[\int_{-\infty}^{\infty}\left(-\frac{\hbar^2}{2m}\frac{\partial^2 \Psi^*}{\partial x^2} + V\Psi^*\right)x\Psi\,dx$$
$$\qquad - \int_{-\infty}^{\infty}\Psi^* x\left(-\frac{\hbar^2}{2m}\frac{\partial^2 \Psi}{\partial x^2} + V\Psi\right)dx\Big]$$

$$= \frac{i\hbar}{2m} \int_{-\infty}^{\infty} \left[\Psi^* x \frac{\partial^2 \Psi}{\partial x^2} - \frac{\partial^2 \Psi^*}{\partial x^2} x \Psi \right] dx$$

$$= \frac{i\hbar}{2m} \int_{-\infty}^{\infty} \left[\Psi^* \frac{\partial^2 (x\Psi)}{\partial x^2} - \frac{\partial^2 \Psi^*}{\partial x^2} (x\Psi) \right] dx$$

$$- \frac{i\hbar}{m} \int_{-\infty}^{\infty} \Psi^* \frac{\partial}{\partial x} \Psi \, dx \tag{6.15}$$

式 (6.15) の右辺において,

$$\Psi^* \frac{\partial^2 (x\Psi)}{\partial x^2} - \frac{\partial^2 \Psi^*}{\partial x^2} (x\Psi) = \frac{\partial}{\partial x} \left[\Psi^* \frac{\partial (x\Psi)}{\partial x} - \frac{\partial \Psi^*}{\partial x} (x\Psi) \right] \tag{6.16}$$

ですから, これを式 (6.15) に代入して

$$\frac{d\langle x \rangle}{dt} = \frac{i\hbar}{2m} \int_{-\infty}^{\infty} \frac{\partial}{\partial x} \left[\Psi^* \frac{\partial (x\Psi)}{\partial x} - \frac{\partial \Psi^*}{\partial x} (x\Psi) \right] dx$$

$$+ \frac{1}{m} \int_{-\infty}^{\infty} \Psi^* \left(-i\hbar \frac{\partial}{\partial x} \right) \Psi \, dx \tag{6.17}$$

となります. 式 (6.17) の右辺の第 1 項の積分は

$$\int_{-\infty}^{\infty} \frac{\partial}{\partial x} \left[\Psi^* \frac{\partial (x\Psi)}{\partial x} - \frac{\partial \Psi^*}{\partial x} (x\Psi) \right] dx = \left[\Psi^* \frac{\partial (x\Psi)}{\partial x} - \frac{\partial \Psi^*}{\partial x} (x\Psi) \right]_{-\infty}^{\infty} \tag{6.18}$$

です. 波動関数 Ψ(および Ψ^*) は遠方 ($x = \pm\infty$) で 0 のはずです. したがって, 式 (6.18) の値は 0 です. 式 (6.17) においてこの結果を考えると, 結局

$$m \frac{d\langle x \rangle}{dt} = \int_{-\infty}^{\infty} \Psi^* \left(-i\hbar \frac{\partial}{\partial x} \right) \Psi \, dx \tag{6.19}$$

が得られます.

量子力学においては, **運動量**は微分演算子

$$p = -i\hbar \frac{\partial}{\partial x} \tag{6.20}$$

で表されるといいました. これを式 (6.19) に代入すると,

$$m \frac{d\langle x \rangle}{dt} = \int_{-\infty}^{\infty} \Psi^* p \Psi \, dx = \langle p \rangle \tag{6.21}$$

となります. 古典力学では (質量) × (速度) = (運動量) ですが, 量子力学では, **(質量) × (速度の平均値) = (運動量の平均値)** ということになります. 逆にこのことから, 運動量が式 (6.20) の微分演算子で表されるということが納得できるでしょう.

次に, 式 (6.21) を t でもう一度微分することによって, エーレンフェストの定理

$$m\frac{d^2\langle x\rangle}{dt^2} = \int_{-\infty}^{\infty} \Psi^* \left(-\frac{dV}{dx}\right) \Psi\, dx = \langle F \rangle \tag{6.22}$$

が得られます. この式を導くのは, 式 (6.19) の場合とまったく同様にして行うことができますので, 詳細については省略します.

式 (6.22) のエーレンフェストの定理は, (質量) × (加速度の平均値) = (力の平均値) という関係ですから, まさにニュートンの運動方程式と同形です. 量子力学はこの意味でニュートン力学を含んでいるのです.

6.4 不確定性関係

波動関数 $\Psi(x,t)$ は一般にある空間的な広がりをもった関数です. 時刻 t において粒子の位置 x を測定すると, 測定値に確率密度 $|\Psi(x,t)|^2$ の広がりの程度のばらつきが生じます. つまり, 同じ条件の下で粒子の位置を何度も測定すると, そのたびごとに測定値にばらつきが現れるでしょう. このばらつきを小さくして, 粒子の位置が 1 点の近くにできるだけ確定するような状態をつくるためには, 波動関数を空間的に**局在化**すればよいと考えられます. そのような局在化した波動関数を**波束**とよびます. 以下で波束をつくって, その性質を調べましょう.

波束

時刻 $t=0$ における波動関数を $\Psi(x)$ とします. $x=0$ の付近に局在する波束をつくるため, $\Psi(x)$ を数学でよく知られている**フーリエ変換**で

$$\Psi(x) = \frac{1}{\sqrt{2\pi}} \int_{-\infty}^{\infty} C(k)\, e^{ikx}\, dk \tag{6.23}$$

と表しましょう. つまり式 (6.23) は, **任意の波動関数は波数 (波長) の異なる平面波の重ね合わせでつくられる**, ということを示しています.

いま, 波数分布 $C(k)$ として, 図 **6.4(a)** のような箱型の関数をとりましょう. この場合のフーリエ変換 (6.23) は簡単に計算できて, そのときの**確率密度** $|\Psi(x)|^2$ は図 **6.4(b)** のようになります.

これらの図 **6.4(a)**, **(b)** で注目されるのは，波数分布の幅 Δk を大きくすると確率密度の分布の幅が狭くなることです．つまり，波動関数をある 1 点のまわりに狭く局在化させるためには波数分布の幅を大きくしなければならないということです．

ガウス型の波束

波束の代表的な例として，**ガウス関数型の波束**をみてみましょう．式 (6.23) のフーリエ変換で，波数分布 $C(k)$ として図 **6.5(a)** のようなガウス型の関数をとると，結果の波動関数もまたガウス型の関数になります．式で表すと，公式

$$\int_{-\infty}^{\infty} e^{-k^2/(2a^2)} e^{ikx} \, dk = \sqrt{2\pi}\, a\, e^{-a^2 x^2/2} \tag{6.24}$$

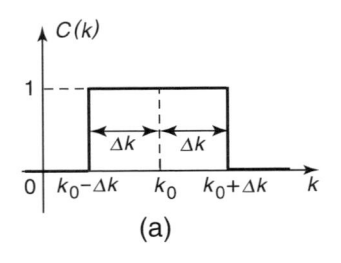

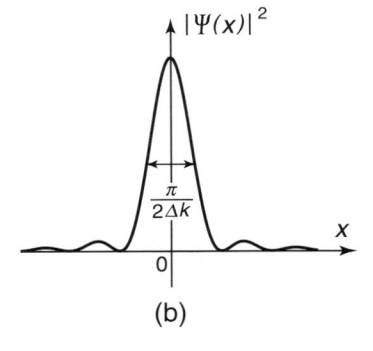

図 **6.4** 波束の例．(a) 波数分布が箱型の場合．(b) 対応する確率密度．

に対応します．これを図示したものが図 **6.5** です．この図の **(a)** の波数分布から得られる波動関数が **(b)** です．この場合でも，図 **6.4** の場合と同様に波数の分布の幅 $1/a$ が大きくなると波動関数の広がりの幅 a が狭くなります．

不確定性関係

波束に関する上の二つの例からわかるように，一般に波動関数の広がりの幅を狭くすると，そのなかに含まれる波数の広がりは広くなります．

波数 k と運動量 p とのあいだには，**アインシュタイン－ド・ブロイの関係**によって，$p = \hbar k$ の関係があります．したがって，粒子の位置 x と運動量 p とを同時に測定すると，x の測定値のばらつき Δx が小さいような状態では，運動量 p のばらつき Δp は大きくなります．

ガウス関数型の波束の例をみましょう．波動関数の広がり a を Δx より小さくなるようにすると，運動量のばらつき Δp は

$$\Delta p = \hbar \Delta k = \frac{\hbar}{a}$$

ですから，

$$\Delta x \Delta p \gtrsim \hbar$$

となります．図 **6.4** の例の場合でも，同様な関係が成り立ちます．

このようにして，ある状態 $\Psi(x,t)$ において，ある時刻 t に，粒子の位置 x と運動量 p を同時に測定すると，それらの測定値のばらつき Δx と Δp とのあいだには，必ず

$$\Delta x \Delta p \gtrsim \frac{\hbar}{2} \tag{6.25}$$

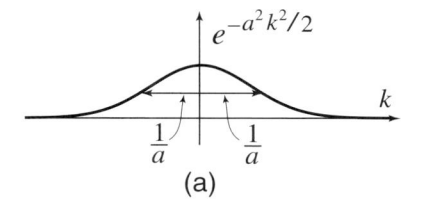

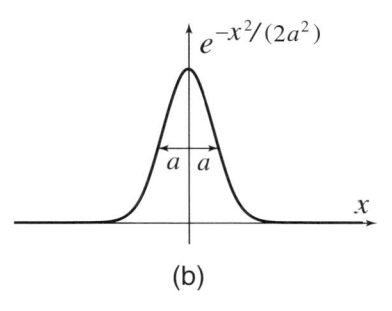

図 **6.5** ガウス関数型波束．

の関係が成り立ちます．この関係は一般的に厳密に証明できますが，ここでは証明は省略します．式 (6.25) を**不確定性関係**といいます．

つまり，粒子の位置と運動量とを同時に測定すると，どんなに正確な測定を行っても，**不確定性関係の制限以上に精度を上げることはできない**，ということを量子力学は主張しています．

量子力学は不完全な理論ですか？

物質粒子は粒子性と波動性の二重性をもっています．波動関数はその波動性を表すものであり，その波動性と粒子性をつなぐ**アインシュタイン − ド・ブロイの関係**から，上に述べたように，**不確定性関係**が導かれました．したがって，不確定性関係は二重性という物質の本質からでてくる結果です．これは，粒子の位置と運動量とを同時に測定すると，どんなに正確な測定を行っ

ても，不確定性関係の制限以上に精度を上げることはできない，ということです．古典論的な見方からすれば，これはたいへん困ったことのように思われます．**量子力学は粒子の運動量と位置とを完全には予測することができない不完全な，あるいは不十分な理論なのでしょうか？**

そうではありません．私たちは物の見方を変えなければならないのです．古典論では物質粒子は「点」とみなされ，粒子が運動すれば「線」で描かれる軌道が得られました．しかし，ミクロの世界では，そのような古典論的「常識」は捨てなければなりません．私たちは，「点」と「線」で描ける**古典的物質観**から脱却し，粒子性と波動性の**二重性**に立脚した**量子力学的物質観**に移らなくてはならないのです．

わかりました．納得しましょう．しかし，それでも最後に疑問が残ります．私たちの観測精度が不確定性関係を上回ることはないのでしょうか？ 位置と運動量とを同時に測定するとき，不確定性関係の制約を上まわる精度の高い結果を得る方法がこの世のなかに存在するならば，量子力学はその測定結果を完全には記述できない不完全な理論ということになってしまいます．

まさにこの点が5.4節において**ハイゼンベルクの不確定性原理**の項で主張された問題点でした．ボーアとハイゼンベルクはさまざまな「思考実験」を繰り返し，不確定性関係を上回る精度の実験は存在しないという結論に達しました．つまり，量子力学は少なくとも私たちが得ることのできるすべての測定結果を記述できる理論であり，その意味で**「量子力学は完全である」**と主張したのです．

アインシュタインによる批判

たしかに量子力学は，私たちが得ることができる測定データのすべてを完全に記述できるという意味では，**完全な理論**であることは確かです．しかし，量子力学はものの運動を確率的にしか予測できません．

これでよいのでしょうか．アインシュタインは，**確率的にしか予測できない理論**を完全な理論と認めることができませんでした．アインシュタインは，波動関数の確率解釈を提唱したボルンにあてて，次のように書いています．

「君はサイコロ遊びをする神を信じている．だが，僕は客観的に存在して

いる世界の完全な規則性を信じます.」

　このことに関連して, ボーアとアインシュタインは, 繰り返し論争を行いました.「**ボーアとアインシュタインの論争**」として有名です. ボーアたちの量子力学の正統的解釈に対するアインシュタインの鋭い批判が, 量子力学の考え方を深めることにはかり知れない貢献をなしたことは疑う余地がありません.

6.5　第6章のまとめ

　本章で学んだことをまとめておきましょう.

(1) ミクロの世界における最大の謎, 物質粒子の**粒子性**と**波動性**が, 量子力学のなかにみごとに統一されていることがわかりました.
　　　光や物質粒子が他の物質と相互作用するとき粒子性が現れ, 確率の波(**波動関数**) が回折・干渉して波動性が現れます.
(2) 古典力学の法則 (ニュートンの運動方程式) は, **エーレンフェストの定理**という形で量子力学のなかに含まれています.
(3) 物質粒子の位置と運動量とを同時に測定すると, それぞれの測定値に粒子性と波動性の**二重性**に起因するばらつきが現れ, それらのあいだに**不確定性関係**が生じます.
(4) この不確定性関係を上回る精度の実験は不可能です. この意味で, 量子力学は**完全な理論**といえます.

演 習 問 題

6-1　一次元空間において, 無限に深い井戸型ポテンシャル

$$V(x) = \begin{cases} \infty & (x<0 \text{ および } x>a \text{ の領域}) \\ 0 & (0<x<a \text{ の領域}) \end{cases}$$

のなかに, 中性子 (質量 $= 1.67 \times 10^{-27}$ kg) が閉じ込められているものとする. 井戸型ポテンシャルの幅を 4.0×10^{-15} m であるとする. 基底状態および第1励起状態のエネルギー固有値を求めよ.

第6章　粒子性と波動性

6-2 前問 (6-1) の系において，基底状態と第1励起状態における位置 x およびその2乗 x^2 の平均値を求めよ．また基底状態と第1励起状態における運動量 p およびその2乗 p^2 の平均値を求めよ．

6-3 前問 (6-1 または 6-2) の基底状態と第1励起状態における位置と運動量の不確定性の積 $\Delta x \Delta p$ を計算せよ．

6-4 式 (6.21) を t でもう一度微分して，式 (6.22) のエーレンフェストの定理を証明せよ．

第7章 水素原子, 元素の周期律, 光の量子力学

本書第 II 部の第 5 章, 第 6 章において, 量子力学の考え方と, 基本方程式であるところのシュレーディンガー方程式について学びました. この第 7 章では, 量子力学がいかにすばらしい理論であるかについて, そのごく一部を紹介することにしましょう.

7.1 エネルギー固有値, 固有状態

　本書第 I 部 4.3 節 (p.93) でボーアの量子論によって, 原子の構造がみごとに統一的に説明できることを学びました. そこでは, 原子は**とびとびの値のエネルギーをもった定常状態**でのみ存在することができ, 許される定常状態は**ボーアの量子条件**によって選ばれると仮定されました. この**前期量子論**によって, 水素原子の構造がたいへんうまく説明できることが明らかになりました.

　それでは, シュレーディンガー方程式を主柱とする量子力学から, はたしてボーアの量子論がでてくるでしょうか. シュレーディンガー方程式は, とびとびの値のエネルギーをもった定常状態を導きだしてくれるでしょうか.

束縛状態のエネルギー固有値

　すでに p.132 において, バネの振動を量子力学で扱うと, とびとびのエネルギー固有値をもった固有状態が得られることを学びました.

　このようなとびとびのエネルギーの固有状態は, バネの振動に限りません.

一般に，量子力学において**束縛状態**といわれる状態に共通の性質であり，古典論には決してありえない特徴です．どこにそのような特徴の由来があるか少し説明しましょう．

一次元空間において，図 **7.1** のような「井戸型」ポテンシャルを考えます．このポテンシャル $V(x)$ によって力を受けて運動する質量 m の粒子の従うシュレーディンガー方程式は

$$-\frac{\hbar^2}{2m}\frac{d^2\psi(x)}{dx^2} + V(x)\psi(x) = E\psi(x) \tag{7.1}$$

です．

いま，粒子が図 **7.1** の「井戸型」ポテンシャルにつかまって**束縛**されている状態を考えましょう．図からわかるように，その状態のエネルギー E は，

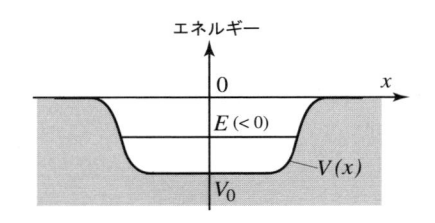

$$0 > E > V_0 \qquad (V_0 < 0) \tag{7.2}$$

のはずです．

図 **7.1** 井戸型ポテンシャル

このとき，ポテンシャルが $V(x) = 0$ となる**遠方の領域**における波動関数のようすをみてみましょう．この領域でシュレーディンガー方程式 (7.1) は

$$\frac{d^2\psi}{dx^2} - K^2\psi = 0, \qquad K^2 = \frac{2m|E|}{\hbar^2} \tag{7.3}$$

と書き直すことができます．したがって，$V(x) = 0$ の領域における波動関数の**一般解**は

$$\psi(x) = Ae^{Kx} + Be^{-Kx}, \qquad K = \frac{\sqrt{2m|E|}}{\hbar} \tag{7.4}$$

となります．ここで，A, B は任意の定数です．

波動関数の絶対値の 2 乗が粒子の"存在確率"の確率密度ですから，一般に波動関数は空間のどこにおいても発散する ($\pm\infty$ となる) ことは許されません．したがって，式 (7.4) の波動関数は，右遠方 ($x = +\infty$) で $A = 0$，左遠方 ($x = -\infty$) で $B = 0$ でなければなりません．すなわち，遠方の $V(x) = 0$

7.1 エネルギー固有値, 固有状態

の領域の波動関数は

$$\psi(x) = \begin{cases} Be^{-Kx} & (x>0 \text{ の } V(x)=0 \text{ の領域}) \\ Ae^{Kx} & (x<0 \text{ の } V(x)=0 \text{ の領域}) \end{cases} \tag{7.5}$$

となります.

このように, 波動関数が遠方 $x=\pm\infty$ において発散しないという**境界条件**を満たすためには, エネルギー E は何でもよいというわけにはいきません. ある特定の値でなければなりません. そのような値を**エネルギー固有値**といい, それらは**とびとび**の値となります. このようなとびとびの固有値を**離散的固有値**といい, エネルギーが離散的であることを「エネルギーが**量子化**されている」ともいいます. また, それぞれのエネルギー固有値に対応する状態を**固有状態**とよびます. これらの状態の波動関数は遠方で 0 となり, その大部分はポテンシャルの領域につかまって (局在化されて) いますから, **束縛状態**とよばれています. したがって, **束縛状態の固有値は必ず離散的**となります.

エネルギー固有値や対応する波動関数 (**固有関数**ともよばれます) は, 式 (7.1) のシュレーディンガー方程式を式 (7.5)

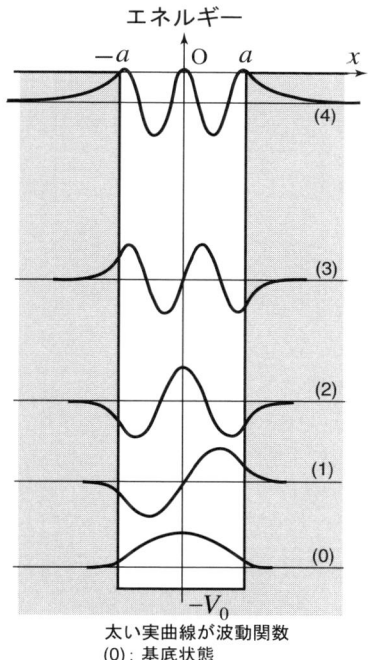

太い実曲線が波動関数
(0): 基底状態
(1) (2) (3) … : 励起状態

図 7.2 井戸型ポテンシャルの固有状態

の境界条件をつけながら解くことによって求められます. その例が図 **7.2** と図 **7.3** に示されています. 計算の方法についての詳細は別の量子力学に関する参考書を参照して下さい.

井戸型ポテンシャルの固有状態

井戸型ポテンシャルの場合のシュレーディンガー方程式 (7.1) を解いて得られた固有状態の例が，図 **7.2** に示されています．エネルギー固有値 (水平の線の高さ)，および，それらに対応する波動関数が太い実曲線です．「影」の部分はポテンシャルの壁です．束縛状態がいくつ可能であるかは $a^2 V_0$ の値によります．

調和振動子の固有状態

調和振動子ポテンシャルの場合のシュレーディンガー方程式 (7.1) を解いて得られたエネルギー固有値が図 **7.3** に示されています．水平の線がエネルギー固有値で，対応する波動関数が太い実曲線です．「影」の部分はポテンシャルの壁です．

調和振動子のエネルギー固有値は，基底状態 (0) から測って $\hbar\omega$ を単位として，その整数倍となっています．これが調和振動子の著しい特徴です．

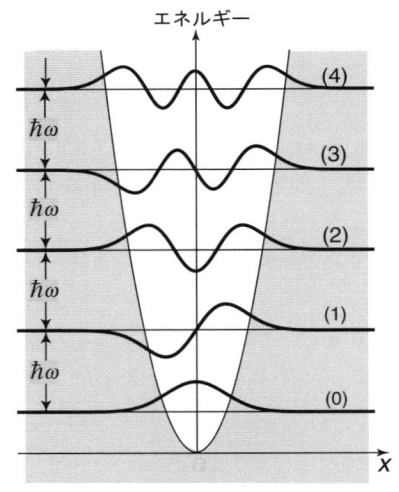

太い実曲線が波動関数
(0)：基底状態
(1)(2)(3) …：励起状態

図 **7.3** 調和振動子の固有状態

とびとびのエネルギー固有値が現れる理由

注目すべきは，とびとびの (離散的な) エネルギーをもつ固有状態がでてくる原因です．それは粒子が波動関数を伴うからです．粒子が粒子性と波動性の二重の性質をもつからこそとびとびのエネルギーをもつ固有状態が現れるのです．これは古典論からは決して得られない驚くべき結果です．

7.2 水素原子の構造

前にも述べたように,ラザフォードの有核原子模型によると,水素原子は,中心に重い陽子があり,その周囲を1個の電子が回転運動をしていると考えられます.陽子は電子に比べて約1800倍重いので,座標原点に静止していると考えてよいでしょう.

陽子と電子のあいだには**クーロン引力**が働いています.そのポテンシャルは,原点から電子までの距離を r とすると,

$$V(r) = -\frac{1}{4\pi\varepsilon_0}\frac{e^2}{r}$$

と書かれます.電子の運動を記述する**シュレーディンガー方程式**は

$$-\frac{\hbar^2}{2m}\left(\frac{\partial^2}{\partial x^2} + \frac{\partial^2}{\partial y^2} + \frac{\partial^2}{\partial z^2}\right)\psi + V(r)\psi = E\psi \tag{7.6}$$

です.いうまでもなく,**波動関数** ψ は変数 x, y, z の関数です.この場合,直角座標 (x, y, z) を使うより,図 **6.2** に示す極座標 (r, θ, ϕ) の方が便利です.

水素原子の固有状態

式 (7.6) のシュレーディンガー方程式を極座標 (r, θ, ϕ) で表し,波動関数が空間のいたるところで滑らかな連続関数で,無限遠方 $r = \infty$ で 0 に収束するという**境界条件**をつけて解くと,前節で学んだように**離散的エネルギー固有値**をもった**固有状態**が得られます.その詳しい計算法などについての説明は,ここでは割愛し,結果のみを説明しましょう.すすんで勉強をしたい方は,別の量子力学の参考書を参照して下さい.

このようにして得られた水素原子の**固有状態**の**波動関数**は

$$\psi(r, \theta, \phi) = R_{nl}(r) Y_{lm}(\theta, \phi) \tag{7.7}$$

と書くことができます.$R_{nl}(r)$ の部分は**動径波動関数**とよばれ,整数 n, l で特徴づけられます.このように,状態を特徴づける「数」をしばしば**量子数**といいます.ただし,

$$n = 1, 2, 3, \cdots; \quad l = 0, 1, 2, \cdots; \quad l \leq n - 1 \tag{7.8}$$

です. また, $Y_{lm}(\theta, \phi)$ の部分は**角度波動関数**であり, 整数 l, m で特徴づけられます. ただし,

$$|m| \leq l \quad \text{すなわち} \quad m = -l, -l+1, \cdots, l-1, l \tag{7.9}$$

です.

　角度波動関数 $Y_{lm}(\theta, \phi)$ は原点 (陽子) のまわりでの電子の回転の状態を記述しています. すなわち, 量子数 l は電子の回転の速さ, つまり**角運動量の大きさ**を表し, 量子数 m はその角運動量がどの方向を向いているか, いいかえればどの方向に回転しているかを示しています. これらの量子数が, 式 (7.8), (7.9) のように整数であるということは, 角運動量の大きさと方向がとびとびであることを意味します.

　量子力学ではエネルギーだけでなく, **角運動量の大きさ**も, さらに**角運動量の方向**までも**量子化**されているのです. このことは**シュテルン – ゲルラッハの実験**によって確かめられました (1922). これもまた, 電子の粒子性と波動性の二重性に起因することはいうまでもなく, 古典論では絶対にありえないことです.

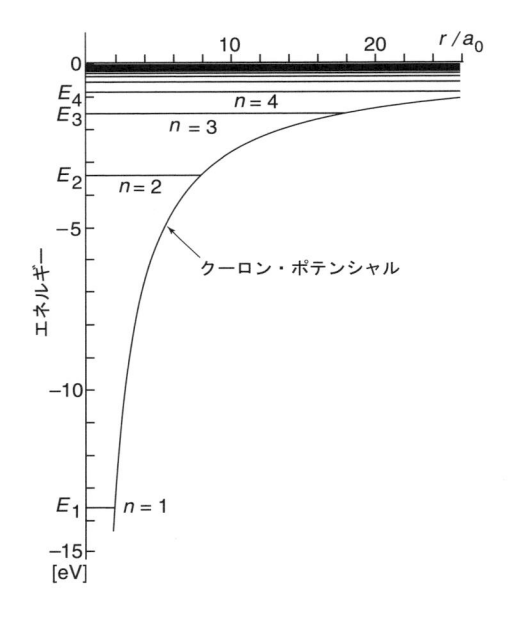

図 7.4　水素原子のエネルギー固有値

水素原子のエネルギー固有値

　水素原子のエネルギー固有値は, 量子数 n だけで決まり,

$$E_n = -\frac{me^4}{32\pi^2 \varepsilon_0^2 \hbar^2} \frac{1}{n^2} \quad (n = 1, 2, 3, \cdots) \tag{7.10}$$

となります．$n = 1$ が最低エネルギーの状態，つまり**基底状態**です．$n = 2, 3, \cdots$ が**励起状態**です．基底状態のエネルギーは

$$E_1 = -\frac{me^4}{32\pi^2\varepsilon_0^2\hbar^2} = -13.6 \text{ eV} \tag{7.11}$$

です．水素原子の基底状態と励起状態のエネルギー固有値が図 **7.4** に示されています．この図では，水平の線の位置 (高さ) が水素原子の場合のシュレーディンガー方程式 (7.6) を解いて得られたエネルギー固有値を表しています．横軸は電子の位置 (原点からの距離) の変数 r を，**ボーア半径**

$$\begin{aligned} a_0 &= \frac{4\pi\varepsilon_0\hbar^2}{me^2} \\ &= 0.529 \times 10^{-10} \text{ m} \end{aligned} \tag{7.12}$$

を単位にして表しています．

電子の "存在確率"

水素原子の各々の固有状態において，電子がどの位置に見いだされるか，その "存在確率" は

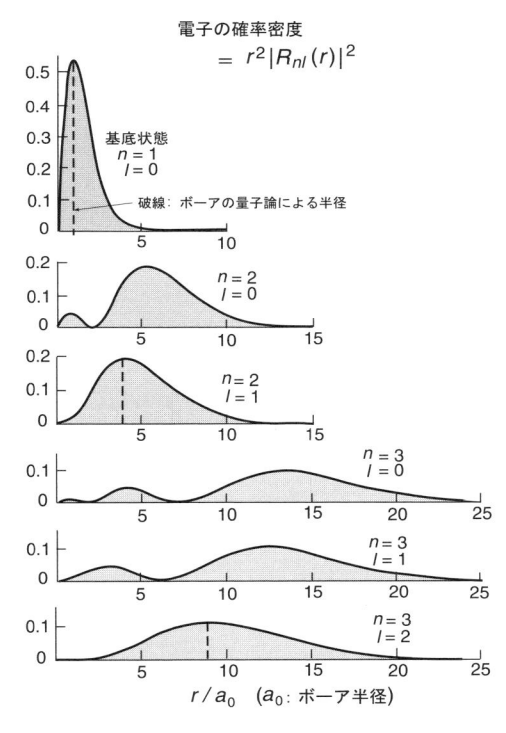

図 **7.5** 水素原子における電子の分布

たいへん興味を引きます．そこで，図 **7.5** に低いエネルギーのいくつかの固有状態に対して，電子の "存在確率" の確率密度 $r^2|R_{nl}(r)|^2$ を示しました．なお，この "存在確率" を積分すると，

$$\int_0^\infty r^2 |R_{nl}(r)|^2 dr = 1$$

となって，全確率が 100% になるように規格化されています．図 **7.5** の一番上の図が**基底状態**です．ほとんどすべての確率が**ボーア半径**のあたりに集中していることが明らかです．しかし以下の図に示される**励起状態**になると，確率は随分遠方に分布します．つまり励起状態になると，水素原子は随分膨らんできます．

この節の結論

この節では，水素原子の場合のシュレーディンガー方程式の解がどのようになるかをみてきました．そのなかには，第 I 部 4.3 節で学んだ**ボーアの量子論**が完全に含まれていました．
シュレーディンガー方程式というたった一つの原理から，水素原子の構造のすべてが導きだせるのです．**量子力学**がいかにすばらしい理論であるか，そしていかに基本的な理論であるかがわかります．

7.3 元素の周期律

前節で，量子力学によって水素原子の構造が完璧に説明できることを学びました．
それでは，水素原子以外の元素についてはどうでしょう．これをみるための最も適当な例は，元素の**周期律**でしょう．本節では，量子力学から導かれる原子の**殻構造**によって，元素の周期律がみごとに説明できることを示しましょう．

周期律

元素を原子量の順番に並べるとその性質が周期的に変わることから，**メンデレーエフ** (D. I. Mendeleev: ロシア，1834〜1907) は**周期表** (あるいは**周期律表**) をつくりました (1869)．皆さんは，周期表については化学の教科書などでおなじみだと思いますので，ここでは詳細は省略し，周期的性質の 1, 2 の例をあげるにとどめます．

元素の性質が周期的に変わるという例を図 7.6 と図 7.7 に示します．他の実験データにも同様な特徴をみることができます．図 7.6 は原子から電子をはぎとって原子 1 個をイオン化するのに必要なエネルギーの実験値です．He, Ne, Ar, Kr, Xe, Rn が特別にイオン化しにくい元素です．これらは**希ガス** (あるいは**不活性ガス**) とよばれる元素です．一方，それらのすぐ隣の原子番号が一つ大きい原子 Li, Na, K, Rb, Cs, Fr はきわめて化合しやすい (化学的活性度の強い) **アルカリ金属**です．図 7.7 は結晶内の原子間の距離から推定した**原子の半径**のデータです．**アルカリ金属**の半径がきわだって大きくなっています．

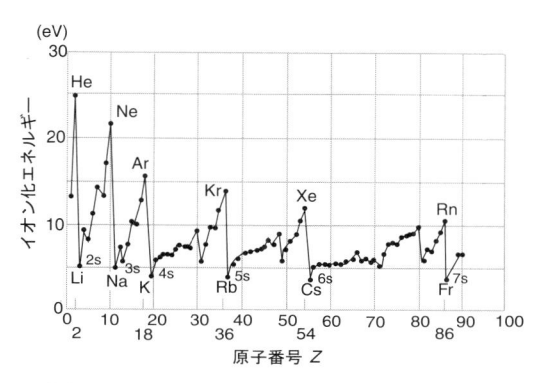

図 7.6　種々の元素のイオン化エネルギー

これらの結果からみると，原子番号 $Z = 2, 10, 18, 36, 54, 86$ という数は特別な意味をもっているようです．これらの数は，下に示すように，量子力学によってみごとに説明できるのです．

図 7.7　種々の元素の原子半径

原子の殻構造

まず，前節 (7.2 節) で学んだ水素原子の固有状態について振り返ってみましょう．

水素原子の固有状態は，**量子数** n, l, m で特徴づけられました．そして，エネルギー固有値は n だけで決まりました (式 (7.10) 参照)．

たとえば，**基底状態**は $n = 1$ で $l = m = 0$ です．ところが第 1 励起状態は

$n = 2$ ですが, $l = m = 0$ と $l = 1$ で $m = -1, 0, 1$ があり, 全部で4個の状態が同じエネルギーをもち, 重なっています. このように同一のエネルギーをもつ異なった状態が重なっていることを, 一般に, **縮退している**といい, 重なりの数を**縮退度**とよびます. つまり, 水素原子の第1励起状態は「4重に」縮退しているわけです. 水素原子の場合は, 量子数 n の状態の縮退度は n^2 となります.

水素原子の場合, 同一の n の状態がすべて縮退するのは, 電子に働く力が原子核(陽子)からの純粋な**クーロン・ポテンシャル**だからです. ところが, 水素原子以外の**一般の原子**の場合, 1個の電子に働く力のポテンシャルは, 原子核からのクーロン引力だけでなく, 他のたくさんの電子からのクーロン斥力もあり, 水素原子の場合とは異なってきます. 一般の原子においても, 電子の固有状態はやはり**量子数** n, l, m で指定できますが, 水素原子の場合に縮退していた状態が, 縮退が「解けて」, エネルギー準位が「ばらけ」てきます.

表 7.1 一般の原子における電子の準位

n	l	準位	電子の最大数	備考
1	0	1s	2	閉殻 ($Z = 2$)
2	0	2s	2	
2	1	2p	6	閉殻 ($Z = 10$)
3	0	3s	2	
3	1	3p	6	閉殻 ($Z = 18$)
4	0	4s	2	
3	2	3d	10	
4	1	4p	6	閉殻 ($Z = 36$)
5	0	5s	2	
4	2	4d	10	
5	1	5p	6	閉殻 ($Z = 54$)
6	0	6s	2	
4	3	4f	14	
5	2	5d	6	
6	1	6p	10	閉殻 ($Z = 86$)

7.3 元素の周期律

一般の原子の場合の電子のエネルギー固有値は，n と l によって決まります (m にはよりません). それらをエネルギーの低い方から順に並べたのが**表 7.1** です. またそれらの準位の概略図が**図 7.8** に示されています.

一般の原子と水素原子における電子のエネルギーレベルが図 7.8 に示されています. この図において, 右側の準位が水素原子の場合であり, 左側の準位が一般の原子の場合です. エネルギー準位は n と l とで指定され, $l = 0, 1, 2, 3, \cdots$ がそれぞれ記号 s, p, d, f, $\cdots$ で表されます.

水素原子では, 同一の n で異なる l の状態のエネルギーが重なって (縮退して) いますが, 一般の原子の場合には縮退が解けます.

この図は準位の相対的な位置や順番を大ざっぱに示すもので, エネルギーの絶対値そのものは無視してください.

○で囲んだ数字は, その下の準位が電子で完全に占められたときの全電子数であり, 希ガスの原子番号がみごとに再現されています.

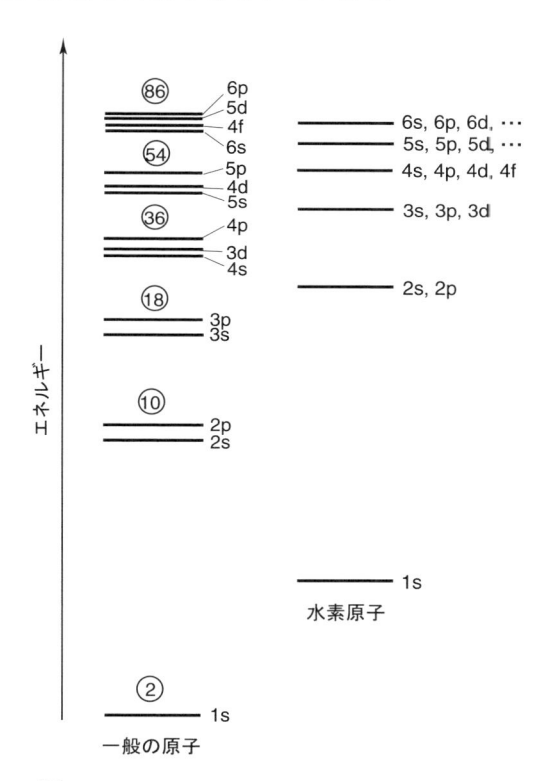

図 7.8 一般の原子と水素原子における電子のエネルギーレベル.

表 7.1 や**図 7.8** に示した準位に, エネルギーの低い方から順番に原子番号 Z と同じ個数の電子が詰まって, 原子ができ上がります. これらの準位の「空間的」な位置は, 大雑把にいえば, 原子の中心から外側に順番に並んで, あたかも「たまねぎ」のような,「層」をなしているようにみることができます. このような「層」を**殻**とよび, このような構造を**殻構造**といいます.

パウリ原理, スピン

問題は上に述べた殻にそれぞれ何個の電子が入るのかということです.

量子力学では, たくさんの電子は互いに区別することができません. 電子のみならず, 同種粒子は入れ替えても区別不可能です. この性質を考慮すると, ミクロの世界では粒子は大別して二つのグループに分けることができます. 一つは**フェルミ粒子**, 他は**ボース粒子**です. どちらのグループに属するかは, 粒子の種類によって決まっています. このような性質を粒子の**統計性**といいます. たとえば, 電子や陽子はフェルミ粒子, 光子はボース粒子です.

さて, いま問題になっている**電子はフェルミ粒子**です. フェルミ粒子の場合, **一つの量子力学的状態には1個の粒子しか入ることができません**. この原理は, **パウリ** (Wolfgang Pauli: オーストリア, スイス, 1900〜58) によって最初に主張されたので (1925), **パウリ原理**とよばれています (以前はしばしば**パウリの排他律**ともよばれました). このような統計性に関しての詳細を学びたい方は, 別の量子力学の参考書を参照して下さい.

原子の最も低いエネルギー準位は, 図**7.8**でみられるように, 1s状態です. この準位は縮退していませんので, 1個の状態です. ですから, パウリ原理によれば電子は1個だけ入ることができることになりますが, 実際には2個まで入ることができます. それは, **ウーレンベック** (G. Uhlenbeck: オランダ, 1900〜1988) と**ハウトスミット** (S. A. Goudsmit: オランダ, 1902〜1978) によって提唱された (1925) **スピン**という, 空間の自由度とは別の自由度があるからです. スピンに関してもっと進んで学びたい方は, 別の量子力学の参考書を参照して下さい.

したがって, 結局**パウリ原理**と**スピン**自由度とを考慮すると, 量子数 n, l, m で指定される一つの状態に電子は2個まで入ることができることになります. n, l で指定される一つの準位に入ることのできる最大数が表**7.1**の「電子の最大数」の欄に示されています.

閉殻, 希ガス, 周期律

前記 p.170 の表**7.1**または図**7.8**において, エネルギーの低い準位から順に Z 個の電子を詰めていくと, 原子番号が Z の種々の原子の電子状態がつぎ

つぎに構成されます．

たとえば，最も低い 1s 準位に電子を 1 個入れると水素原子 H の電子状態ができ，2 個入れると He 原子になりますが，**パウリ原理**によって 2 個より多くは入れられないので，このときこの準位は満杯になって**閉殻**となります．次の準位のエネルギーはずっと高いので，$Z=2$ の He 原子はたいへん安定です．これが第 1 号の**希ガス**です．

He の次の 2s の準位に電子が 1 個入ると，化学的に活性度の高い Li の電子状態ができます．さらにつぎつぎに電子を詰めて 2p の準位が閉殻になると，電子の数は $Z=10$ となって，第 2 号の**希ガス** Ne となります．

Ne の次の 3s 準位に 1 個の電子が入った原子は Na の電子状態であり，Li と同様に活性度の高い**アルカリ金属**です．

このように電子の個数が増えると，つぎつぎに閉殻ができ，その外に電子が 1 個増えるとアルカリ金属（ただし H は除いて）となり，もう 1 個増えると**アルカリ土類金属**となります．閉殻の一つ手前の（電子が 1 個少ない）元素は，やはり活性度の高い**ハロゲン元素**です．このように電子の個数が増えると，元素の性質が周期的に変わります．これが元素の**周期律**です．

元素の周期律は量子力学によって完璧に説明することができました．

7.4　光の量子力学

これまでに学んできたシュレーディンガー方程式は，物質粒子の波動性，すなわち粒子の運動に伴うド・ブロイ波を記述するために導入されました．このシュレーディンガー方程式が，物質粒子の波動性と粒子性の二重性をみごとに記述することが明らかになりました．

一方，光もまた波動性と粒子性の二重性をもつことが強調されてきました．古典論においては，もともと光はマクスウェル方程式に従う**電磁波**です．電磁波は図 **7.9** のように振動する電場 E と磁場 B とから成り立ってい

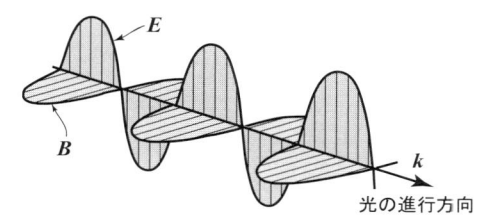

図 **7.9**　古典論では，光は振動する電場 E と磁場 B とから成り立っています．

す．この電磁場の波動が，どのようにして粒子性をもつことができるのでしょう．

光の波動性

光 (電磁波) は直交する電場 E と磁場 B とから成っています (図 **7.9** 参照)．E も B も同じ振動数 ν，波長 λ で振動する波動です．したがって，光の速さ (光速) は $c = \nu\lambda$ です．真空中で光速は

$$c = 2.99792458 \times 10^8 \,\mathrm{m/s}$$

です．

空洞内の放射のエネルギー

マクスウェルの電磁気学によれば，空洞 (真空) 内の電磁波 (光，放射) のエネルギー U は

$$U = \frac{1}{2} \iiint \left(\varepsilon_0 |\boldsymbol{E}|^2 + \frac{1}{\mu_0} |\boldsymbol{B}|^2 \right) dx\, dy\, dz \tag{7.13}$$

と表されます．積分は空洞全体にわたるものとします．

電場 E や磁場 B も一般に**平面波**の重ね合わせで書くことができます．ここで，k は平面波の**波数ベクトル**であり，波長を λ とすれば，k の大きさは $|\boldsymbol{k}| = 2\pi/\lambda$ です．

たとえば，電場 E は

$$\boldsymbol{E} = \sum_{\boldsymbol{k}} \{ E_1(\boldsymbol{k}, t)\, \boldsymbol{e}_1 + E_2(\boldsymbol{k}, t)\, \boldsymbol{e}_2 \} e^{i\boldsymbol{k}\cdot\boldsymbol{r}} \tag{7.14}$$

と展開できます．ベクトル $\boldsymbol{e}_1$ および $\boldsymbol{e}_2$ は，それぞれ垂直，および水平方向の単位ベクトルであり，$E_1(\boldsymbol{k},t)$, $E_2(\boldsymbol{k},t)$, はそれぞれの方向の電場の強さです．磁場についても同様です．ここで大切なことは，電場や磁場がさまざまな波数 (波長) の波動を重ね合わせたものであるということです．この結果を

使うと，空洞内の放射のエネルギーは，

$$U = \frac{1}{2}\sum_k (p_k^2 + \omega_k^2 x_k^2), \qquad \omega_k = c|\boldsymbol{k}| \tag{7.15}$$

と書かれます．ただし

$$p_k = \frac{dx_k}{dt}, \qquad \frac{dp_k}{dt} = -\omega_k^2 x_k \tag{7.16}$$

です．式 (7.16) は，質量が 1 の「重り」のついたバネ (調和振動子) の運動方程式と同等です．すなわち，(x_k, p_k) を k 番目の調和振動子の座標と運動量と考えると，式 (7.16) の第 1 の式はバネの「重り」の速度と運動量の関係，第 2 の式は「重り」に対するニュートンの運動方程式です．マクスウェルの電磁気学からこれらの結果をどのようにして導くか，その詳細は結構面倒ですから，ここでは省略します．下の結論だけを理解してください．

以上の式 (7.15), (7.16) の 2 式をみると，**空洞内の電磁波 (放射) は無限に多数の調和振動子の集まりと同等である**，ということになります．

電磁波 (光) の量子化

上述のように，光は調和振動子 (バネ) の集団であることがわかりました．これを量子力学でとり扱うと，すなわち**量子化**すると，p. 132 や p. 164 ですでにみたように，**調和振動子 (バネ) のエネルギー固有値**は

$$\hbar\omega_k = h\nu_k \qquad (\omega_k = 2\pi\nu_k)$$

を単位として，その整数倍のとびとびの値になります．これはまさに，**プランクのエネルギー量子**にほかなりません．つまり，**空洞内の放射のエネルギーはつぶつぶになっている**のです．

なんと素晴らしいことでしょう．古典論 (マクスウェルの電磁気学) に従う電磁波を，量子力学的にとり扱うだけでエネルギー量子が現れるのです．

光と荷電粒子の相互作用

電磁波は電場と磁場とで成り立っているので，電子のような荷電粒子に当たると，もちろん電磁波は電子に力を及ぼし，電磁波と電子のあいだに相互作

用が生じます. この相互作用を正しくとり扱うには, **電子に対するシュレーディンガー方程式**と, 上に述べた**電磁波の量子力学**とを結びつければよいでしょう. これを定式化したものが**量子電磁力学**です. 内容は少し高度ですから, ここではその説明は割愛します. この理論を用いると, アインシュタインの**光電効果の理論** (3.6 節参照) や, **コンプトン散乱** (3.7 節参照) のような光と物質粒子の相互作用に関するすべての「謎」が完全に解決されるのです.

このようにして, 物質粒子や光の**波動性**と**粒子性**の二重性が量子力学のなかで完全に統一され, 「ミクロの世界の謎」が完全に解決されました.

7.5　第7章のまとめ

本章で学んだことをまとめておきましょう.

(1) 量子力学において, **束縛状態はとびとびの (離散的な) エネルギー固有値**を示すことがわかり, これによって**ボーアの量子論**の**定常状態**が説明できました.

(2) **水素原子**の構造は量子力学によって完璧に説明できました.

(3) **元素の周期律**は, 量子力学から導かれる原子の**殻構造**によってみごとに説明できました.

(4) **光 (電磁波)** は無限個の調和振動子の集合と同等であり, これを量子化すると (量子力学でとり扱うと), みごとに**光の粒子性**が現れます. また, 光は粒子として電子のような荷電粒子と相互作用することが明らかになりました.

(5) 以上の結果, 光や物質粒子の**粒子性**と**波動性**の**二重性の謎**が, 量子力学によって完全に解決されました.

このように量子力学の成功が確認され, 量子力学が「ミクロの世界」を記述する, あるいは支配する基本理論であることがわかりました.

エピローグ：広がる量子力学の世界

本書を通して量子力学の基本的な考え方を学び，そのなかに，「ミクロの世界」において遭遇した物質粒子や光の**粒子性**と**波動性**の矛盾がどのように解決され，統一されているかを学びました．

さらにこの**二重性**があるからこそ，水素原子をはじめとして，すべての元素の構造が説明できることを学びました．原子の**安定性**も，原子から放射される特定の振動数をもった光の**スペクトル**も，すべて電子の波動性があるからこそ説明がつくのであって，古典論では決して説明できませんでした．

量子力学の建設は，人類がギリシャ時代からもち続けてきた「物質観」をも変革するような，科学上あるいは哲学上の大変革でした．「変革」というより，「革命」という方がふさわしいかもわかりません．この「大革命」が20世紀初頭の約30年間という短期間に，天才たちの協力によって成し遂げられたということは，驚嘆すべきことでした．

量子力学の建設以後，「量子力学の世界」はどんどん広がりました．20世紀初頭のもう一つの「大変革」であったアインシュタインの**相対性理論**と量子力学とが結合され，**相対論的量子力学**も建設されました．**原子・分子**の世界から，**原子核**の世界や**素粒子**の世界へも広がり，さまざまな新しい発見がなされました．

現在でも量子力学の世界は広がり，かつ深まっているといえるでしょう．読者の皆さんも，今後，それらのテーマに興味をもち，すすんで学ばれることを希望します．

演習問題解答

第 1 章

- **1-1** $1.0080\,\mathrm{amu}$.
- **1-2** $15.9993\,\mathrm{amu}$.
- **1-3** それぞれ, 18, 28, 44, 46, 17.
- **1-4** 約 $247\,\mathrm{m/s}$.
- **1-5** 約 $2.3\,\mathrm{\AA}$.
- **1-6** $3.85 \times 10^3\,\mathrm{C}$.
- **1-7** $2.25\,\mathrm{cm}$.
- **1-8** $0.7 \times 10^{11}\,\mathrm{C/kg}$.

第 2 章

- **2-1** $9.1 \times 10^3\,\mathrm{V}$.
- **2-2** $4.6 \times 10^{-14}\,\mathrm{m}$.
- **2-3** 銅の原子核の半径の推定値 $\approx 4.8 \times 10^{-15}\,\mathrm{m}$. 銅原子の半径 $\approx 1.14 \times 10^{-10}\,\mathrm{m}$. 従って, 銅原子の大きさは銅の原子核の約 20,000 倍.
- **2-4**
  (1) $0.312 \times 10^{13}\,\mathrm{s}^{-1}$.
  (2) $0.00785\,\mathrm{sr}$ (ステラジアン).
  (3) $\sigma(60°) \approx 0.52 \times 10^{-25}\,\mathrm{m}^2/\mathrm{sr}$.
  (4) 3.8×10^7 個 s^{-1}.

第 3 章

- **3-1** 重心の平行移動および重心のまわりの回転運動の自由度のほかに, 2 原子間の振動運動の自由度が加わると考えられる. 振動運動には kT のエネルギーが分配される.
- **3-2** $3.42 \times 10^{-19}\,\mathrm{J} = 2.14\,\mathrm{eV}$.
- **3-3** $h \approx 6.9 \times 10^{-34}\,\mathrm{J \cdot s}$, $W \approx 2.5\,\mathrm{eV}$.

3-4 3.30 eV, 1.66 eV.

3-5 放射される光子の全個数 $= 2.5 \times 10^{16}$ 個 s^{-1}, 瞳孔に入る光子数 $= 62.5$ 個 s^{-1}, 約 1mW まで.

3-6 1.213×10^{-10} m $= 1.213$ Å, 1.237×10^{-10} m $= 1.237$ Å.

第 4 章

4-1 $4a_0$, $100a_0$, $400a_0$.

4-2 ニュートン力学では運動エネルギー K と運動量 p との関係は $p = \sqrt{2MK}$. したがってド・ブロイ波長は $\lambda = h/\sqrt{2MK}$. これを用いると,

$K = 10^{-2}$ eV のとき $\lambda = 1.22 \times 10^{-8}$ m $= 122$ Å,
$K = 1$ eV のとき $\lambda = 0.122 \times 10^{-8}$ m $= 12.2$ Å,
$K = 100$ eV のとき $\lambda = 0.0122 \times 10^{-8}$ m $= 1.22$ Å,
$K = 10$ keV のとき $\lambda = 0.00122 \times 10^{-8}$ m $= 0.122$ Å,
$K = 1$ MeV のとき $\lambda = 0.000122 \times 10^{-8}$ m $= 0.0122$ Å.

ただし, $K = 10$ keV や 1 MeV のような高いエネルギーのときには相対論的効果が現れるので, $p = \sqrt{2Mc^2K + K^2}/c$ を使わなければならないだろう. このときのド・ブロイ波長は $\lambda = hc/\sqrt{2Mc^2K + K^2}$ となり, たとえば $K = 1$ MeV のときには $\lambda = 0.0087$ Å となる.

4-3 (a) 15.0 keV, (b) 8.19 eV, (c) 2.05 eV.

4-4 (1) 4.0×10^{-38} m, (2) 2.4×10^{-34} m, (3) 3.2×10^{-18} m.

4-5 ド・ブロイ波の波長 $\lambda = h/p = h/\sqrt{2ME}$, しまの間隔 $= \lambda D/d$, $\lambda = 0.55 \times 10^{-11}$ m, しまの間隔 $= 0.11 \times 10^{-5}$ m.

第 5 章

5-1 不確定性関係 $\Delta x \Delta p \gtrsim \hbar/2$ から, 電子の速度の不確定性が $\Delta v \gtrsim 3 \times 10^{10}$ ms^{-1} となり, 光速をはるかに超えるので, 相対論から考えて不合理である.

5-2 波動関数は境界条件 $\psi(0) = \psi(a) = 0$ を満たさなければならない. 固有状態は整数 $n = 1, 2, 3, \cdots$ で決まり, 規格化された固有関数は

$$\psi_n(x) = \sqrt{\frac{2}{a}} \sin\left(\frac{n\pi x}{a}\right) \qquad (n = 1, 2, 3, \cdots)$$

となり，エネルギー固有値は
$$E_n = \frac{\hbar^2 \pi^2 n^2}{2Ma^2} \qquad (n = 1, 2, 3, \cdots)$$
である．ただし M は電子の質量．

5-3 0.97 nm.

5-4 反射率は
$$\frac{(\sqrt{E+V_0} - \sqrt{E})^2}{(\sqrt{E+V_0} + \sqrt{E})^2}.$$

5-5 前問 (5-4) と同じ．

第 6 章

6-1 演習問題 5-2 の結果を用いる．基底状態は $n = 1$, 第 1 励起状態は $n = 2$ であるから，$E_2 - E_1 = 0.614 \times 10^{-11}$ J $= 38.3$ MeV.

6-2 基底状態および第 1 励起状態の規格化された波動関数をそれぞれ $\psi_1(x)$ および $\psi_2(x)$ とすると，
$$\psi_1(x) = \sqrt{\frac{2}{a}} \sin \frac{\pi x}{a}, \qquad \psi_2(x) = \sqrt{\frac{2}{a}} \sin \frac{2\pi x}{a}$$
となる (演習問題 5-2 参照)．したがって，
$$\langle \psi_1 | x | \psi_1 \rangle = \frac{a}{2}, \qquad \langle \psi_1 | x^2 | \psi_1 \rangle = \frac{a^2}{\pi^2} \left(\frac{\pi^2}{3} - \frac{1}{2} \right),$$
$$\langle \psi_2 | x | \psi_2 \rangle = \frac{a}{2}, \qquad \langle \psi_2 | x^2 | \psi_2 \rangle = \frac{a^2}{\pi^2} \left(\frac{\pi^2}{3} - \frac{1}{8} \right),$$
$$\langle \psi_1 | p | \psi_1 \rangle = 0, \qquad \langle \psi_1 | p^2 | \psi_1 \rangle = \frac{\hbar^2 \pi^2}{a^2},$$
$$\langle \psi_2 | p | \psi_2 \rangle = 0, \qquad \langle \psi_2 | p^2 | \psi_2 \rangle = \frac{4\hbar^2 \pi^2}{a^2}.$$

6-3 基底状態: $\hbar \sqrt{\frac{\pi^2}{12} - \frac{1}{2}} = 0.567 \hbar$, 第 1 励起状態: $\hbar \sqrt{\frac{\pi^2}{3} - \frac{1}{2}} = 1.67 \hbar$.

索 引

1原子分子, 8, 59–61
2原子分子, 8, 60, 61
4元素説, 4

G. P. トムソン, 19, 113

J. J. トムソン, 19

W. トムソン, 19

X線, 29, 30
 ── の散乱, 29, 30, 80, 84
 ── の波動性, 100

アインシュタイン, 12, 76, 77, 158, 159, 177
 ── の光量子仮説, 76, 77, 80, 84, 145
アインシュタイン－ド・ブロイの関係, 100, 112, 113, 118
アトム, 4, 6, 13
アボガドロ, 8
 ── 定数, 9, 12, 13, 57, 60
 ── の法則, 8
アリストテレス, 4
アルファ(α)
 ── 線, 28, 31, 33
 ── 崩壊, 130, 139, 140
 ── 粒子, 31, 35

陰極線, 18–20, 22

ウィーン, 68
 ── の公式, 68
 ── の変位則, 68
 ── の法則, 68
ウィルソンの霧箱, 48, 84
ウラニウム, 31

エネルギー
 ── 固有値, 132, 133, 161, 163, 164
 ── 準位, 96, 97, 133
 ── 等分配則, 55, 57, 58, 66
 ── 量子, 69–71, 75, 85

オングストローム, 3, 14

ガイガー, 33, 34, 37, 139
回折, 30, 85, 100, 102, 159
確率
 ── 解釈, 128
 ── 密度, 128, 142
重ね合わせの原理, 115, 116
ガモフ, 125, 139, 140
干渉, 85, 86, 100, 102, 117
 ── じま, 85, 86, 101, 105–107, 113, 146, 148, 150
ガンマ (γ)
 ── 線, 28

気体反応の法則, 8
気体分子運動論, 9
基底状態, 96, 98, 131, 167, 168
行列力学, 123
巨視的世界, 3

空洞放射, 64, 66, 67, 70, 84

索引

グラム分子, 9
クルックス, 18
　── 管, 18

蛍光物質, 18, 32
ゲイ・リュサック, 8
ケルビン卿, 19
原子, 3-7, 23, 24
　── 質量単位, 7
　── 説, 9, 16
　── 的性質, 3, 24, 71, 75, 76
　── の安定性, 89
　── の大きさ, 13
　── の構造, 27, 34, 93, 102, 105, 111, 114, 161
　── の性質, 31
　── の発見, 4
　── 量, 6, 89
　── 論, 4, 5
原子価, 15
原子核, 38, 39, 46
　── のアルファ崩壊, 130, 139, 140
　── の大きさ, 46
　── の構成要素, 49
　── の人工変換, 47, 48
　── の電荷, 45
元素, 4, 5, 7, 28
現代物理学, 4
検電器, 27

光子, 84, 85, 112, 172
光電効果, 76-80, 106, 176
光電子, 78
　── 増倍管, 32
光量子, 80
　── 仮説, 76, 145
古典力学, 11, 45, 117, 123, 124, 127, 131, 134, 154, 159
古典論, 53, 55, 63, 66, 71, 76, 79, 84, 89, 94, 99, 102, 105, 111, 151
固有関数, 163
固有状態, 132, 133, 161, 164, 165
コンプトン, 80
　── 効果, 80, 82, 84
　── 散乱, 80

最近接距離, 42, 46
作用量子, 75

ジーンズ, 67
思考実験, 158
ジャーマー, 113
写真の原理, 106
自由粒子, 118
　── 波動関数, 121, 130
ジュール, 10, 54
シュテルン, 113
シュレーディンガー, 108, 118
　── の波動方程式, 117, 119
　── の波動力学, 111, 114, 124
　── 方程式, 117-119, 121, 127, 131
状態, 130
　── 関数, 130
衝突パラメーター, 39, 42
真空
　── の比熱, 63
　── 放電, 18
シンチレーション, 32
　── 計数管, 32
振動数条件, 94, 96, 111

スペクトル, 91, 92, 96

正弦波, 114
遷移, 96, 97
前期量子論, 95, 111
線スペクトル, 91, 92, 102

束縛状態, 161, 163
ソディ, 28
素電荷, 16
存在確率, 128, 130, 167
存在比, 7

断面積, 43-45

チャドウィック, 49
中性子, 49

索引

定在波, 116
定常状態, 94, 95, 97, 100, 111, 130, 131
定比例の法則, 5
デビスン, 113
デモクリトス, 4
デュロン – プティの法則, 62
電気素量, 15–17, 23, 24, 31, 71
電気分解, 15
　—— の法則, 15, 17
電子, 18, 23, 24, 27–29, 31, 38, 46, 49, 50, 77, 78, 84, 85, 89, 94, 99
　—— の質量, 23
　—— の電荷, 23
　—— の発見, 18, 22
　—— の波動性, 19, 99, 101, 102, 105, 111, 145, 147, 150, 166, 177
　—— ボルト, 37

同位元素, 7
同位体, 7
統計力学, 9, 55, 57, 58, 66
特殊相対性理論, 77
ド・ブロイ, 99, 112
　—— の物質波, 99
　—— 波, 99, 100, 111–113, 146
トムソンの原子模型, 34, 35, 37
ドルトン, 5, 6

ナノメートル, 3

二重性, 99, 107, 127, 133, 145, 146, 157–159, 166, 173, 176, 177
ニュートン, 91
　—— の運動方程式, 30, 40, 90, 95, 117, 123, 129, 151, 153, 155, 159
　—— 力学, 11, 39, 44, 45, 53, 55, 57, 66, 72, 76, 84, 89, 94, 99, 102, 105, 111, 125

熱, 53, 54
　—— 電子, 23, 78
　—— の仕事当量, 54
　—— 放射, 63
熱溜 (熱浴), 57, 64

倍数比例の法則, 5
ハイゼンベルク, 108, 123, 127
　—— の行列力学, 123–125
　—— の不確定性原理, 125
波動関数, 119, 121
　—— の意味, 127
　—— の解釈, 123, 128
　—— の確率解釈, 128
　—— の規格化, 129
波動性, 99, 105, 107, 108, 117–119, 133, 145–147, 159, 164, 166, 173, 176, 177
波動方程式, 115
バルマー, 92
　—— 系列, 92
　—— の公式, 92, 96
ハロゲン化銀, 106

ピエール・キュリー, 28
光
　—— の波動性, 85, 145, 147, 174
　—— の粒子, 80
　—— の粒子性, 80, 84, 85, 112
光化学反応, 106
微視的世界, 3
比電荷, 20, 22, 32, 77
比熱, 55, 60, 62–64, 75
微分演算子, 122, 152, 154

ファラデー, 15
　—— 定数, 16
不確定性, 127
　—— 関係, 155–157, 159
　—— 原理, 125
物質と電気の原子的性質, 3, 24, 71
ブラウン, 12
　—— 運動, 12, 13, 77
ブラッグ条件, 100, 101
フランク, 97
プランク, 69
　—— 定数, 69, 75
　—— の公式, 66, 69–72

索 引

フランク–ヘルツの実験, 97, 98
フロギストン, 53
分子, 7–11, 13, 24, 55
　── 運動, 10
　── 量, 9, 11, 14

平均値, 151, 152
ベータ (β)
　── 線, 28
ベクレル, 27
ペラン, 12, 13
ヘリウム, 33, 49, 139
ヘルツ, 77, 97

ボイル – シャルルの法則, 11, 56
放射, 63, 64
　── 性物質, 27, 31, 37
　── 線, 27–29
　── 能, 27, 28, 49
ボーア, 94, 127
　── の量子論, 94, 95, 111
ボルツマン, 9, 55
　── 定数, 56, 58, 69
　── 分布, 57, 58, 71, 72
ボルン, 128
ポロニウム, 28

マースデン, 33, 34, 37
マクスウェル, 9, 55
　── の電磁気学, 53, 55, 66, 72, 76, 84, 89, 94, 99, 102, 105, 111, 125, 174, 175
　── 方程式, 173
マクスウェル – ボルツマン分布, 58
マクロの世界, 3, 53, 55, 117, 125
マリー・キュリー, 28

ミクロの世界, 3, 4, 45, 50, 53, 89, 102, 117, 119, 124, 125, 139, 158, 159, 176, 177

ミリカン, 17
　── の実験, 17, 23, 78, 79

モル, 9, 11
　── 比熱, 59, 61, 62

ヤング, 85
　── の実験, 85, 105, 145, 147

有核原子模型, 38, 45, 89, 93, 111

陽子, 48, 49

ラウエ, 100
　── の斑点, 100, 101
ラザフォード, 33, 38, 47
　── 散乱, 39, 41, 44–46
　── の原子模型, 38, 39, 45, 46, 50, 93, 111
　── の公式, 43, 44, 46
ラザフォード・ボーアの原子模型, 94
ラジウム, 28, 31, 37
ラボワジェ, 4, 54

離散的固有値, 163, 165
リチャードソン, 23, 78
粒子性, 105, 107, 108, 118, 119, 145–147, 150, 159, 164, 166, 176, 177
リュードベリ, 93
　── 定数, 93
　── の公式, 93
量子条件, 94, 95, 100, 111, 113
量子力学, 108

励起状態, 131, 167, 168
レイリー, 67
レイリー – ジーンズの公式, 67
レーナルト, 77
レントゲン, 29

著者の略歴
1935 年　山口県生まれ
1958 年　京都大学理学部物理学科卒業
1963 年　京都大学大学院理学研究科修了
同　年　日本学術振興会奨励研究生
同　年　大阪市立大学原子力調査研究室助手
1965 年　同講師
1967 年　九州大学理学部助教授
1989 年　同教授
1999 年　九州大学名誉教授
1963 年　理学博士 (京都大学)

わかりやすい量子力学入門―原子の世界の謎を解く

平成 15 年 12 月 10 日　　発　　　行
令和　4 年 12 月 30 日　　第17刷発行

著作者　　高　田　健　次　郎

発行者　　池　田　和　博

発行所　　丸善出版株式会社
〒101－0051　東京都千代田区神田神保町二丁目17番
編集：電話 (03)3512－3267／FAX (03)3512－3272
営業：電話 (03)3512－3256／FAX (03)3512－3270
https://www.maruzen-publishing.co.jp

ⓒKenjiro Takada, 2003

組版印刷・製本／壮光舎印刷株式会社

ISBN 978-4-621-07346-9 C3042　　　Printed in Japan

JCOPY〈(一社)出版者著作権管理機構　委託出版物〉
本書の無断複写は著作権法上での例外を除き禁じられています。複写される場合は、そのつど事前に、(一社)出版者著作権管理機構 (電話 03-5244-5088、FAX 03-5244-5089、e-mail：info@jcopy.or.jp)の許諾を得てください.